ディーゼル車公害

川名英之 著

緑風出版

はしがき

今、呼吸器の疾患が大都市を中心に増えている。まず、その数を関係省庁の調査結果からみよう。

肺がんの死者数は五万八七一人（一九九八年・厚生省調査）で、一九六〇年からの三十八年間に七・四倍。とくに男性の肺がんによる死者数は一九九三年に国民の死因のトップだった胃がんを抜いて、さらに急増を続けている。

幼稚園児から高校生までのぜん息の患者数は二八万四〇〇〇人（一九九六年の厚生省・患者調査にもとづく推定）で、一九七八年からの十八年間に一六・三倍という著しい増加ぶり。

花粉症患者者は国民の一割一二〇〇万人をはるかに超える数である。東京都が独自に実施している公害病認定・補償制度にもとづき大気汚染の公害病に認定された患者数は現在、約六万三〇〇〇人で、この十年間に二万五〇〇〇人も増えている。

ショッキングなことに、ディーゼル車の排出する微粒子にはたくさんの発がん物質が含まれるため肺がんを引き起こすのを始め、ぜん息、花粉症を発症させる働きをすることが、一九八〇年代から実施された多くの動物実験や疫学調査などの結果、明らかになっている。ディーゼル微粒子（ＤＥＰ）が原因で、発症した患者がこれらの患者数のうちのどのくらいのパーセントを占めるかなど具体的な数は誰にも分からない。しかしディーゼル車が急増した一九七三年十月の石油危機以降の十数年間に花粉症が激増し、ぜん息や肺がんも増えていることからみると、ディーゼル微粒子が原因の大きな部分を占めているのではないかと疑われている。

ところが国民の生命・健康に重大な被害を及ぼすことが明らかになった後も、ディーゼル微粒子による大気汚染を防止する抜本的な対策は何一つ実施されてこなかった。環境庁の大気汚染防止行政はディーゼル微粒子より相対的に危険性の小さな窒素酸化物汚染の防止にかなりの力を入れ、人の健康により重大な被害を与えるディーゼル微粒子汚染の防止対策は二の次にしてきた。そればかりか、ディーゼル微粒子汚染濃度の増大が呼吸器に疾患を与える危険性があることに警鐘を鳴らすことすら実施しなかった。

しかもディーゼル車の燃料である軽油は税抜き価格でガソリンより高いにもかかわらず、軽油優遇税制によって、軽油の価格の方がガソリンより安く設定されてきた。このため、石油危機以降、ディーゼル車の急増を招いてしまった。安い軽油は結果的にディーゼル車という公害車の増加を誘導する役割をしたのである。

公害防止の基本は初期段階で効果的な発生防止策、すなわち公害発生の根を絶つことである。ところが、行政当局はディーゼル微粒子中に何種類もの発がん物質が存在することが明らかになってもディーゼル車の急増を問題視せず、これを止める積極的な対策も、ディーゼル微粒子除去装置の開発・取付け義務化などの対策も実施しないまま、その後、二十年近くが経過した。汚染の拡大を放置し、その結果、現在の大規模な汚染を招来したことは、まことに遺憾である。

ディーゼル微粒子汚染拡大の経過はダイオキシン汚染拡大の経過と似ている。厚生省は一九八四年、わが国のごみ焼却炉からダイオキシンが発生していることが分かった後、着々と規制策を講じて汚染の克服に成果を上げていたドイツなど欧州諸国から学ぼうともせず、有効なダイオキシン汚染防止対策を取らないまま、十三年間もダイオキシン汚染の増大を放置してきた。政治と行政が長い間、真剣に取り組まなかったという点で、両者には共通するものがあるのではないだろうか。

本書はディーゼル汚染と呼吸器疾患との因果関係に関する研究成果を明らかにするとともに、「どうしてディーゼル微粒子汚染の増大を防げなかったのか」という視点から、国の大気汚染行政が窒素酸化物汚染に力を入れてディーゼル微粒子公害の深刻化を放置してきた過程、および東京都のディーゼル車公害への取り組みと「尼崎公害訴訟」の一定限度を超える浮遊粒子状物質排出の差し止めを命じた画期的な判決を機に、環境庁が重い腰を上げてディーゼル車公害対策の着手するに至った経過を検証する。

第一章と第二章はディーゼル微粒子と肺がん、ぜん息、花粉症との因果関係を究明した各種の研究を紹介し、第三章ではディーゼル微粒子公害を放置してきた国の行政の実態、第四章は大気汚染公害に悩まされている患者たちの提起した訴訟の動向、第五章では東京都がディーゼル車公害防止対策に立ち上がるまでの経過と一九九九年七月以降の対策を追った。

そして最後の第六章で、対応策を迫られた環境庁と関係省庁、自民党が実施しようとしている計画などを明らかにした。

本書がディーゼル車公害の実態と問題解決に必要な対策のあり方などに関する正しい理解に役立つことができれば幸いである。

二〇〇一年一月十日

川名　英之

ディーゼル車公害●目次

ディーゼル車公害●目次

第一章　ディーゼル微粒子と肺がんの増加

死因のトップに躍り出た肺がん

近年、がんが驚異的な増加ぶりを見せている。図1をご覧いただきたい。国民の死因に占めるがんの割合は一九七〇年代末ごろから急カーブで増加し、一九九五年ごろから不気味なほど急角度の増加ぶりである。

国民の死因のうち、がん死はどのくらいの割合だろうか。一九九八年の死亡者数九三万六四八四人のうち、がんのために死亡した人の数は二八万三九二一人だから、死因の統計上は三〇・三パーセント、つまり三・三人に一人ががんで死亡していることになる。だが実際には長い間がんを患い、亡くなる時に他の症状、たとえば心疾患とか肺炎が現われるとそれが死因とされるから、実質的ながん死の割合は国民三人に一人くらいである。

このようながん死亡率急増の主な原因の一つになっているのが、肺がんである。国民の死因に占めるがん死の割合は図1の一九六〇（昭和三十五）年の五・五パーセントから、一九九八（平成十）年には四〇・六パーセントに増えた。一九九八年の肺がんの死者数は五万八七一人で、三十八年間に実に七・四倍の急増である。とりわけ男性の肺がん死亡率は急ピッチで増え、一九九三年には胃がんを抜いて男性の死亡率のトップに躍り出て、その後も急増を続けている。

試算では二〇一〇年時点の肺がんによる死亡数は一九九八年より八三パーセントも増えて約九万三〇〇〇人（男七万人、女二万三〇〇〇人）。これは一九六〇年当時と比べると、実に約一八倍という驚くべき数字である。

肺がんの死亡率はなぜこんなに増えるのだろうか。肺がん多発の主要な原因に喫煙と人口の高齢化を挙げる人がいる。

肺がんに喫煙が影響していることは間違いない。たばこの煙には発がん性物質のベンツピレンやジメチルニトロソアミンなどが大気汚染の濃度よりも高い濃度で含まれているからである。「たばこは発がん性物質の人体実験ともいうべきもの」と言う人がいるが、そう言うこともできるだろう。たばこを吸う人は吸わない人に比べて肺がんが平均四倍（一日に三〇～四九本吸う人は六・〇～七・二倍）、肺がんになる危険性は若い年齢から吸い始めた人ほど大きいという調査結果もあり、禁煙は個人が取り得る最も確実ながん予防法の一つとさえ言われている。喫煙が肺がんの有力な原因であることを示している。

しかし、たばこが健康によくないことが広く知られるようになると、男性の喫煙者は年々減った。

成人男性の喫煙率は一九六七年の八四パーセントから二十五年後の一九九二年には六

〇・四パーセントに減り、九九年には五二・八パーセントになった。いっぽう女性は逆にごくわずかずつの増加または横ばいで、現在、一三・四パーセント。

厳しい批判を受けてたばこ自体も、より有害でないものに改良された。国立がんセンター・がん発生情報室によると、近年、たばこを吸わない人の肺がんが増え、それも農・漁村より都市部の方が発症率が高い傾向が見られるようになった。このような理由から、肺がんの急増を喫煙だけで説明することは到底できない。

人口の高齢化も肺がん増加の一因だが、肺がんの著しい増加ぶりを説明する説得力ある材料にはなり得ない。喫煙も人口の高齢化も、肺がん急増の主因ではないとなれば、何が主因なのだろうか。

肺がん急増の主因と考えられるものにディーゼル自動車の排出する微粒子（略称・ディーゼル微粒子）と、家庭ごみや産廃の焼却炉から発生したダイオキシン類の大気汚染がある。一九九八年の全国の肺がん死者総数は年間五万八七一人。国立がんセンターの調査によると、日本の肺がん死者総数の約七〇パーセントは喫煙が原因という。仮に喫煙を七〇パーセントと見た場合、残り三〇パーセントの原因の内訳は何か。残り三〇パーセントのうち、ディーゼル微粒子（略称・ＤＥＰ）が原因で肺がんにかかり、死亡した人の数はどのくらいの割合だろうか。このような観点から行なわれた興味深い推計がある。

図1　人口10万人当たりの肺がん死亡率

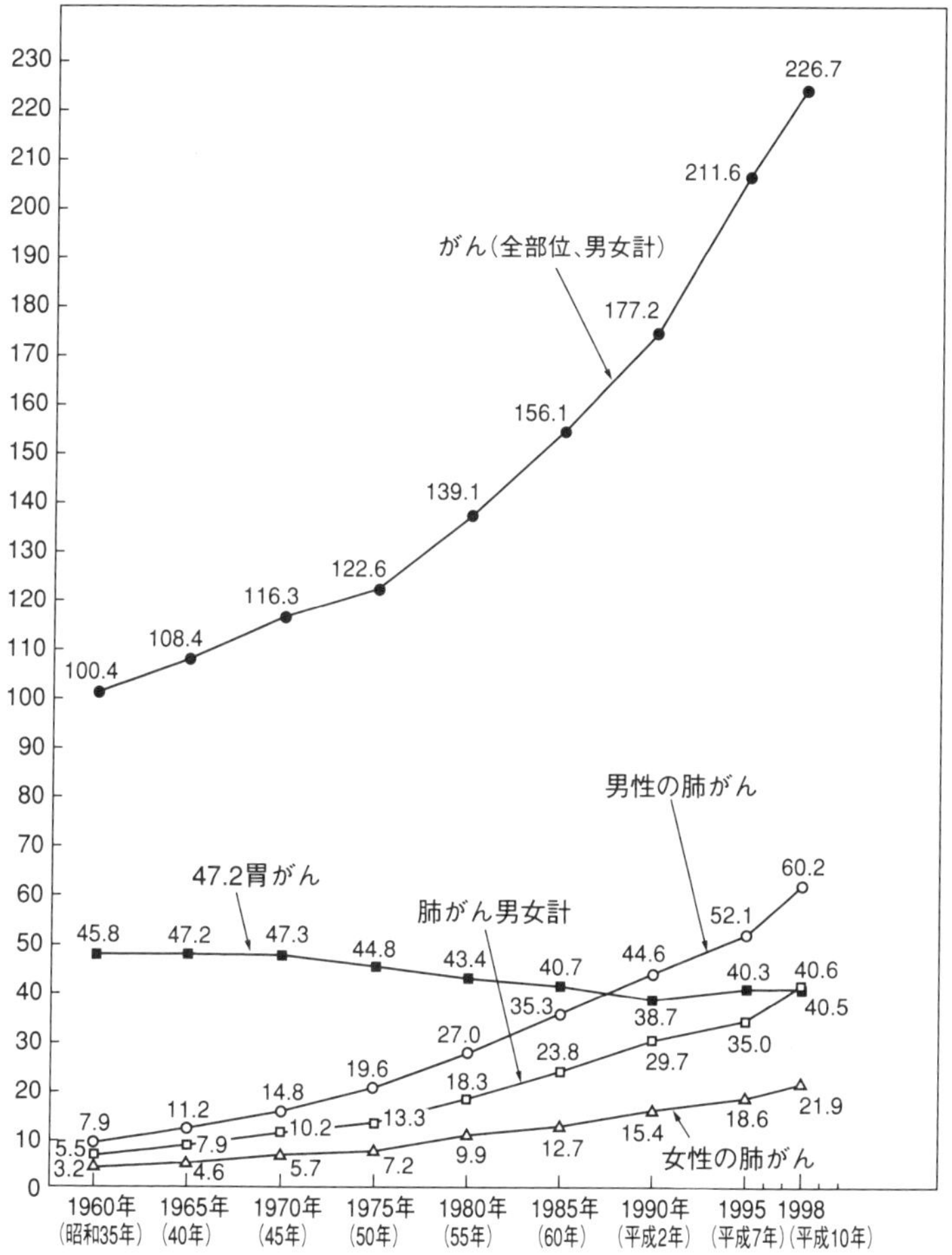

出所)厚生省『人口動態統計』平成12年度版を基に作成。

この推計は、財団法人・結核予防会結核研究所と国立環境研究所などでつくった研究グループが行なったもので、まず環境庁の測定結果をもとに、都道府県別の大気中のディーゼル微粒子の年平均濃度を計算し、次に一人ひとりが一年間に吸い込む微粒子の量を推計、そのうえで米国のディーゼル機関士の肺がん死亡率も参考にして、日本の場合のディーゼル微粒子による肺がん死亡率が全体で占める割合と都道府県、政令指定都市別の場合の推計値をそれぞれ計算した。

推計によると、ディーゼル微粒子による肺がんの死者数は年間四〇〇〇～五〇〇〇人で、肺がん死者総数に占める割合は九パーセント強。都道府県・政令指定都市別で最も高いのは千葉市で、一九・三パーセント。これに川崎市の一八・四パーセント、埼玉県の一八・二パーセント、東京都一六・三パーセント、愛知県一三・四パーセント、群馬県一三・一パーセント、大阪府一〇・三パーセント、福岡市九・四パーセントの順で続く。

この推計結果は一九九九年九月二十八日に津市で開かれた大気環境学会で結核研究所の岩井和郎顧問によって発表され、注目された。

ディーゼル微粒子の発がん性については「世界保健機構」(WHO)が発がん性を認め、「強く疑わしい」として2Aにランク付けしている。また欧米諸国もディーゼル微粒子の危険性に警戒し、早くから対策を講じている。このような状況の中で、米国・カリフォルニア州の大気資源委員会はディーゼル排出ガス中の次の一三種類を「発がん性および発がんの可能性がある物質」と指摘している。

アセトアルデヒド、水銀化合物、ダイオキシン類とジベンゾフラン類、砒素、フタル酸ジ—2—エチルヘキシル、ベンゼン、無機鉛、アンチモン化合物、スチレン、ニッケル、POM（PAHおよび、その誘導体を含む）、ベリリウム化合物、ホルムアルデヒド。

またドイツ環境・自然資源・原子力安全省は一九九八年八月、ディーゼル車排出ガスとガソリン車排出ガスの発がんの危険性について比較し、「ディーゼル車排出ガスの発がんの危険性はガソリン車排出ガスより十数倍高い」と発表した。

二〇〇〇年一月の「尼崎公害訴訟」の第一審判決で神戸地裁が、ディーゼル微粒子による健康被害を認め、一定限度以上の排出差し止めを命じたこと、および東京都が一九九九年七月、ディーゼル微粒子対策に着手したことから、環境庁はようやく重い腰を上げ、二〇〇〇年三月、まず専門家からなる「リスク評価検討会」（座長・横山栄二国立公衆衛生院顧問）を設置、ディーゼル微粒子が健康に及ぼす影響について評価・分析を依頼した。

「検討会」はディーゼル微粒子を吸い込みやすい鉄道労働者やトラック運転手などの職業と、そうでない職業で、肺がんにかかる危険度がどのように違うかを世界各国の約四〇の研究報告をもとに検討。さらにラットにディーゼル微粒子を吸わせる実験でディーゼル微粒子の濃度を高くするほど腫瘍の発生率が高くなることを示す報告なども分析した。その結果、「リスク評価検討会」は同年八月、「ディーゼル微粒子には発がん性がある」という結論を報告書にまとめ、発表した。

ディーゼル微粒子は、このような経過から発がん性を持ち、とくに呼吸によって肺の奥深くまで吸い込まれ、蓄積されると、肺がんを引き起こす恐れのあることが明確になっている。ディーゼル微粒子汚染の根絶を急がなければならない。

ディーゼル微粒子とは何か

ディーゼル微粒子とは、どのようなものなのか。

ディーゼル微粒子はディーゼル自動車が窒素酸化物とともに排出する黒煙中に含まれている。この黒煙はディーゼル車の燃料である軽油が高温で燃焼した時にエンジンの排気塔から噴き出る一種の煤で、この中に人の健康に被害を与える恐れのある多環芳香族炭化水素、すなわちディーゼル微粒子（略称・ＤＥＰ）が含まれている。ディーゼル車が排出する黒煙の量はガソリン車の出す黒煙の十倍から百倍も多い。

次に浮遊粒子状物質（略称・ＳＰＭ）とは何か。ディーゼル微粒子は浮遊粒子状物質とどう違うのか。

大気汚染物質には生産活動や人間生活によって排出された煤塵、粉塵、有毒ガスなどがある。大気汚染防止法ではこれらの大気汚染物質を①煤煙、②粉塵――の二つに大別し、煤煙をさらに物の燃焼に伴って発生する硫黄酸化物、煤煙、窒素酸化物・カドミウムとカドミウム化合物・塩素・塩化水素・フッ素とフッ素化合物・鉛と鉛化合物と法定している。

大気汚染防止法でいう粉塵は物の破砕や選別などの機械的処理、堆積にともなって発生し、飛散する物質をさし、大気中に浮遊する固体上の微粒子のことをとくに浮遊粉塵という。浮遊粉塵は金属の切削や製鋼の過程などで生ずるほか、石油・石炭などの燃焼、自動車の排出ガス、工場のボイラー・炉などの燃焼施設からの排出物質、ビル暖房の排煙などに含まれる。

この浮遊粉塵のうち、直径が一〇マイクロメートル（一マイクロメートルは一ミリメートルの千分の一）以下のものを浮遊粒子状物質と名づけている。

浮遊粒子状物質の粒子は八割までが直径一マイクロメートル以下、大きい粒子でも二・五マイクロメートルまでと比較的小さい。ちなみに火力発電所や各種工場などから排出される窒素酸化物や硫酸イオン、揮発性有機化合物などの粒子も、ほとんどが直径二・五マイクロメートル以下の微細な粒子である。

浮遊粒子状物質はその発生状況によって工場や火力発電所、焼却炉などの煙突、自動車のエンジンの排気筒の中ですでに粒子状になっているもの、煙突や排気筒から大気中に放出された高温のガス状物質が急速に冷やされて生成されるもの、大気中のガス状物質から二次的に生成されるものなどに分けられる。煙突の中から大気中に放出され、急速に冷やされてできる粒子状物質は「凝縮性ダスト」と呼ばれる。この「凝縮性ダスト」は環境庁の検討会や川崎市公害研究所などによる実態調査の結果、浮遊粒子状物質排出総量の半分を占めていることが分かったという。

大気中には軽油が燃えた時に出る発がん性物質をはじめさまざまな有害物質が煤塵や直径一〇マイクロメートル以下の微細な粒子状物質に付着して放出され、漂っている。放出される物質は一〇〇〇種類以上とみられる。これらの物質の中には発がん性を持つ化学物質が何種類も入っている。それらの発がん性物質はベンツピレン、1—ニトロピレン、1、3—ジニトロピレン、1、6—ジニトロピレン、1、8—ジニトロピレン、3—ニトロフルオランテン、アルデヒド、放射性物質、クロム、アスベスト、ベンジン、ニッケル、タールなど、強力な変異原性を持ち、がんを引き起こす可能性の大きい物質としては3—ニトロベンズアントロン、そのほかの有害化学物質としてはカドミウム、鉛、バナジウムなどがある。ディーゼル車の排出ガスに含まれるアルデヒドの量はガソリン車の排出ガスと比べて約二百倍も多い。

浮遊粒子状物質の濃度が二十四時間平均値で大気一立方メートル当たり〇・一二ミリグラムにまで増えると、学童の呼吸器疾患が増加し、〇・二〇ミリグラムを超えると、労働者の病気欠勤率が目立つ。さらに〇・三〇ミリグラムから〇・四〇ミリグラムに増大すると、慢性気管支炎などの病状が悪化するとされている。

こうした微細な有害物質はフィルターとも言うべき鼻毛や喉を通り抜けて肺組織にまで吸い込まれ、それ自体か他の発がん物質や有害なガス状物質、喫煙などとの相乗作用により、ぜん息性気管支炎、気管支ぜん息、慢性気管支炎、肺気腫、肺がんなどの呼吸器疾患を引き起こす原因となる。

浮遊粒子状物質、浮遊粉塵の発生源は一九七三年十月の石油危機ごろまでは、大まかに工場やビルのボイラー、金属加工の工場などから六、七割、自動車から三、四割と見られていた。だが多量のディーゼル微粒子を排出するディーゼル車が急増した一九七〇年代後半以降、年々自動車の排出する割合が増え、一九九四年度の関東地方自動車排出局平均では自動車が四三・〇パーセント、工場・事業場が一八パーセント、自然界からの発生が一七・七パーセント、不明分・予測も出る誤差が一三・一パーセント、その他七・三パーセントである。

自動車の排出する浮遊粒子状物質のうち、ガソリン自動車の排出する割合はごくわずかで、ほぼ一〇〇パーセントがディーゼル車からの排出物である。平均的なディーゼル大型トラックが一キロ走った時に出る粒子状物質の量は約一グラム。一〇〇キロ走れば、多くの発がん物質を含んだ粒子状物質が一〇〇グラム出る。

工場が少なく、自動車の多い東京都の場合、浮遊粒子状物質の総排出量に占めるディーゼル車の割合は、かなり大きい。一九九二年四月、東京都が測定したディーゼル微粒子の割合は四七・七パーセントで、一九八七～八八年からの四～五年間にディーゼル微粒子が六・四パーセントも増加した。

一般に窒素酸化物の濃度が高いところは浮遊粒子状物質濃度も高い。これはガソリン車に比べて多量の窒素酸化物（小型貨物車は五・二倍、普通貨物車は二一・二倍）と浮遊粒子状物質を排出するディーゼル車が自動車の大半を占めているためである。環境庁の調査によると、自動車排出ガスから出る二酸化窒素の量は全国で年間約五五万トン。このうちの七五パーセント、つまり四分の三までがディーゼル車から発生している。

ところで、微小な浮遊粒子状物質（微粒子）は自動車や工場で、どんなメカニズムで発生するのだろうか。埼玉大学工学部研究科の坂本研究室で窒素酸化物（NO_x）と炭化水素（HC）を袋に入れて三〇度に保ち、紫外線に当てる実験をしたところ、約三十分後に粒子が発生し、粒子はやがて一立方センチ当たり一〇〇〇個以上に増えた。この粒子は、まず窒素酸化物が紫外線によって分解され、これによってできた不安定な酸素原子が空気中の酸素と結びついて、オゾンになり、次にこのオゾンが炭化水素と結合してできたものである。

この実験から明らかなように、粒子の生成には炭化水素が関わっている。炭化水素は炭素（C）と水素（H）からなる有機化合物の総称で、種類は極めて多い。主な炭化水素化合物を挙げると、メタン、ブタン、プロパン、エチレン、アセチレンなどだが、化学的な性質・状態からは芳香族、パラフィンなども炭化水素化合物に含まれる。炭化水素の主な発生源は自動車排出ガスと工場などの燃焼施設、石油の製造・処理過程、ペンキや油性塗料、インクなどの蒸発である。ちなみに自動車排出ガス中に含まれている主要な汚染物質は窒素酸化物、炭化水素、一酸化炭素の三物質で、炭化水素は自動車のエンジン内で不完全燃焼の際に発生する。

炭化水素はオゾンと結合して微小な浮遊粒子状物質を発生させるだけでなく、二酸化窒素と光化学反応を起こし、光化学スモッグ生成の原因となる。

ディーゼル微粒子に発がん性があり、人の健康に悪影響を及ぼすことは明らかになっているが、ディーゼル排出ガスやディーゼル微粒子をどれだけ吸い込めば呼吸器などに影響が出るかというデータは不足している。また東京都環境科学研究所が実際に車を走らせて測定しところ，ディーゼル微粒子でも窒素酸化物でも、頻繁に発進・停止を繰り返すと、排出量が増加すること、その排出量は実際に走行中の自動車の方が実験室の中でエンジンを動かすだけの場合よりも多いことが分かっている。このため今後この面の調査・検討を進め、そのうえでディーゼル排出ガス対策強化のための具体的な規制値を設定することが必要であろう。

関東地方では夏、内陸部の群馬県南部などで浮遊粒子状物質の濃度が高くなる不思議な現象が起こっている。環境庁が東京都心から北または北西方角へ風向きに沿って都内、浦和市、群馬県高崎市の三地域を選んで浮遊粒子状物質を採取、その成分を分析したところ、自動車や工場などから直接排出された浮遊粒子状物質の割合は内陸部では非常に少なくなり、代わって大気中で二次的に発生した粒子が増加、東京都心や横浜・川崎市などと同じくらいの高い濃度になっていることが分かった。

たとえば東京都心から北西約一〇〇キロの距離にある群馬県藤岡市でスギ林のスギが枯死・衰弱しているが、これは東京や横浜・川崎の京浜工業地帯や千葉・市原・君津市などの京葉工業地帯から風に乗り、約五時間がかりで運ばれてきた窒素酸化物や浮遊粒子状物質によるものとみられている。

このようにして発生する浮遊粒子状物質はどのように体内に取り込まれるのだろうか。

降下煤塵は大きいために、たとえ呼吸の際、吸入されても鼻やのど、気道の粘膜に付着し、その繊毛運動によって体の外に出され、呼吸器管の深部には入らない。しかし極めて微細な浮遊粒子状物質は吸入され、気管・気管支を経て肺の奥にまで達して気管・気管支、肺胞に沈着して蓄積される。その結果、長期にわたり人体に有害な影響を及ぼし、慢性的な呼吸器疾患の原因となったり、がんを引き起こしたりする恐れがあることが様々な動物実験の結果、明らかになっている。

環境庁の「浮遊粒子状物質総合対策検討会」（座長・芳住邦雄共立女子大学教授）が一九九九年六月、同庁に提出した報告書によると、同じ工場・事業所の煙突から出た窒素酸化物や硫黄酸化物が大気中で光化学反応を起こして新たな浮遊粒子状物質を生成すること、およびそれがかなりの量にのぼっていることが分かったという。「検討会」はその低減対策として、ボイラーなど煤煙発生施設の大幅な規制強化、炭化水素の規制、規制対象外の小型廃棄物（焼却炉一時間当たりの焼却量が二〇〇キロ未満）の規制、汚染の激しい首都圏と近畿圏での工場・事業所から発生する煤煙などの総量規制の実施などを提言している。

ディーゼル微粒子は大気中に排出された後、汚染物質同士が化学反応を起こして、さらに新しい浮遊粒子状物質を生成するというのだから、ディーゼル微粒子の発生量をできるだけ少なくするための規制策が必要である。

幹線道路沿い肺がんの増加

交通量の多い幹線道路沿いでは自動車の走行にともない、排出ガス中の浮遊粒子状物質（SPM）が大量に放出され、大気を汚染している。高度経済成長期初期の一九六〇当時、二八一万台だった全国の自動車保有台数はその後も一貫して直線的に急増し続け、二十年後の一九八〇年に約十三倍の三七三三万台に急増、その十九年後の一九九九年三月現在では、さらにその二倍の約七四〇〇万台へと青天井の伸びを続けた。

このように急増を続けた各種自動車の中で、石油危機以降、著しく増加したのがディーゼル車である。ディーゼル車は多くの浮遊粒子状物質を排出する。なぜか。原因は①ディーゼル車の燃料である軽油を燃やすと、浮遊粒子状物質が多く発生する、②ディーゼルエンジンが浮遊粒子状物質を発生しやすい構造であること、③技術的な難しさもあり、浮遊粒子状物質の排出規制が大幅に遅れ、フィルター取付けを含む効果的な除去技術の開発も見られなかったこと――などである。

ディーゼルエンジンの仕組みは空気を圧縮し、六〇〇度という高温になった時、燃料の軽油をエンジン内に噴射し、これによって自然に爆発を起こさせる方式。ディーゼルエンジンが浮遊粒子状物質を発生しやすいのは、短時間に軽油を直接エンジン内に噴射するため、空気と軽油が十分に混ざらず、不完全燃焼が起こり、燃え残りの煤が生じることである。

ちなみにガソリンエンジンの場合、ガソリンが空気と十分にまじり合った状態でエンジンに入るため、完全燃焼しやすく、燃え残りの煤がほとんど出ない。

このように規制が甘く、多くの浮遊粒子状物質を発生させるディーゼル車が一九八五年ごろから以前の五倍のペースで増え始めた。増加したディーゼル車をみると、とくに浮遊粒子状物質の排出量が多いトラックが増えた。

小型トラックの場合、大都市を走るトラック総数の七〇パーセントを占めている。その小型トラックの七〇パーセント近くがディーゼル車に切り替えられたため、浮遊粒子状物質汚染がひどくなった。

東京都と神奈川、千葉、埼玉、山梨の各県の境界（都県境）で調べた東京都の一日当たりの自動車交通量は一九九八年には合計約一八八万台。このうち貨物車とバスを合わせた数は四五・一パーセント、その約三分の一が浮遊粒子状物質の排出量の多い大型トラックである。東京都では石油危機以降、年々ディーゼル車が増加、一九八八年にディーゼルトラック数がガソリントラック数を上回った。一九九九年三月現在、東京都のディーゼル車は六五万四〇〇〇台。自動車総数に占めるディーゼル車の割合は一五・六パーセントだが、大型トラック、バスのほとんどはディーゼル車である。

東京都で排出される浮遊粒子状物質の総量は一九九〇年度の数字で一万一八三〇トン。発生源別にみると、自動車の排気管から出る浮遊粒子状物質が全体の三六パーセント、道路粉塵が四六パーセントで、これを合わせた自動車の排出量は八二パーセントと圧倒的に多い。自動車の排気管から出る浮遊粒子状物質は、そのほとんどがディーゼル車である。ちなみに、そのほかの発生源は工場・事業場の一二パーセント、民生の四パーセント、粉塵発生施設、航空機、船舶の各一パーセントである。

浮遊粒子状物質の濃度をみると、一般測定局の平均値は一九八八年度に大きく減少したが、その後、再び増加し、一九九一年度をピークに二年間減り、その後は横ばい。一九九八年度の平均値は大気一立方メートル当たり〇・〇四五ミリグラム。また自動車排出ガス測定局でも、濃度は一九九一年度まで増加、一九九二、九三年度に減少したが、その後は改善されていない。都平均値は〇・〇五八ミリグラムである。

次に浮遊粒子状物質の環境基準の達成状況をみると、一九九八年度に基準を達成しているのは住宅地などに設置されている一般測定局でたったの一四・九パーセント、幹線道路沿いに設置されている自動車排出ガス測定局ではもっと悪く、ゼロパーセントである（一四〇～一四一頁の図10)。

東京都のディーゼル微粒子汚染の特徴は区部（二三区）の濃度がとくに高いこと。これは区部の交通量が東京圏平均の三・五倍も高い高密度の自動車交通集中地域になっていて、大量のディーゼル微粒子が排出されるためである。区部に自動車交通が集中するのは、この地域にオフィスや商業機能、観光・娯楽、公共部門などの多様な都市機能が集中し、大量の自動車交通を生み出しているからである。

自動車交通の多い区部では渋滞がしばしば起こり、速度を低下させて走行する。このため、浮遊粒子状物質と窒素酸化物をより多く排出し、汚染濃度を増加させている。東京の自動車の平均速度は一八キロ前後。たとえばバスの速度が一〇キロから四〇キロにアップされれば、排出係数は約四割低減される。もし交通渋滞が緩和され、走行速度が引き上げられれば、ディーゼル微粒子の排出量をかなり減らすことができよう。

東京都心へ向かう車の北の入口である堀切インターチェンジ周辺の交通量は東北自動車道とつながった一九九〇年代半ばごろから、約二倍に増え、二〇〇〇年九月現在、一日約一六万四〇〇〇台。周辺住民はディーゼル車が排出する浮遊粒子状物質に悩まされている。この辺りの浮遊粒子状物質は上空約二〇メートル、地表付近約一キロメートル四方に広がっているという調査結果もある。

現在、東京で最も大気汚染が著しいといわれる板橋区の大和町交差点の場合、大気中の二酸化窒素濃度は環境基準「一日平均〇・〇六ｐｐｍ」の一・五倍、浮遊粒子状物質濃度は環境基準の二・五倍も高く、付近住民はぜん息や気管支炎などの呼吸気疾患に悩まされている。

ディーゼル車の増加によって、多量の窒素酸化物と浮遊粒子状物質が排出されるようになり、その結果、幹線道路沿いを中心に肺がんやぜん息などの呼吸器疾患が増えている。ディーゼル微粒子汚染は東京都など大都市の大気汚染の最大の問題であり、ディーゼル車対策こそが最大の環境対策となっている。

肺がんとディーゼル微粒子の因果関係

ディーゼル微粒子が肺がんを引き起こすことは、ラットの気管にディーゼル微粒子を投与するこれまでの動物実験によって、証明されている。これはディーゼル微粒子の中に発がん性物質、あるいは発がん性の疑いのある物質が数多く含まれているからで、これらの物質が肺がんの発生に深く関わっていることを示す実験結果の報告が相次いでいる。

ディーゼル微粒子が肺がんを引き起こすのではないかという観点に立った、比較的早い時期の研究に一九八〇年九月、国立がんセンター研究所の河内卓副所長らと福岡県衛生公害センターの常盤寛疫学課長らの共同研究がある。

共同研究では、まず一九八〇年秋、ディーゼル微粒子にニトロ化合物の1―ニトロピレン、3―ニトロフルオランテンが吸着していることを突き止め、次に動物実験でこれらの物質に発がん性があるかどうかを調べた。

動物実験では一七匹のラットの背中に1―ニトロピレンを週二回ずつ二〇回、一〇匹のラットの背中に3―ニトロフルオランテンを週二回ずつ一五回、それぞれ注射した。

その結果、1―ニトロピレンを注射した一七匹のうち八匹、3―ニトロフルオランテンを注射した一〇匹のうち四匹にがんが発生した。この二つの物質のがんを引き起こす力の強さは、当時知られていた各種発がん物質の中では中程度よりやや強めだった。

ラットへの皮下注射による動物実験はその後、徳島大学を加えた三者で続けられた。その結果、今度はディーゼル微粒子中に発がん性のある三種類のジニトロピレンが含まれ、そのうちの二種類、すなわち1、3―ジニトロピレンと1、8―ジニトロピレンには強い発がん性のあることを発見するという大きな成果をあげた。

ジニトロピレンとは多環芳香族炭化水素に二酸化窒素が二つ付いたもの（一つだけ付いたものがニトロピレン）で、ディーゼル微粒子のほか、コールタールや複写機に使われているカーボンブラックにも微量含まれている。発がん性がそれほど強くない、もう一つのジニトロピレンが1、6―ジニトロピレンである。

この共同研究は論文にまとめられて国際的ながん研究専門誌『キャンサー・レターズ』に寄稿され、一九八一年十二月発行の同誌に掲載された。この研究論文はディーゼル車の急増が肺がんの増加と密接な関係にあることを示唆するものであった。

ちなみに「ニトロ」という言葉のついた化合物のうち、1―ニトロピレンと三種類のジニトロピレンは特に毒性が強い。ニトロ化合物の測定方法は金沢大学薬学部の早川和一教授（衛生化学）が初めて開発した。早川教授は実験の結果、1―ニトロピレンの九九パーセント、ジニトロピレンの九〇パーセントがディーゼル車から排出されることを明らかにした。

ディーゼル車の交通量とディーゼル微粒子の毒性とはどのような関係にあるのか。松下秀鶴国立公衆衛生院地域環境部長（その後、静岡県立大学教授）はこのような観点から東名高速道路のトンネル内の空中に浮遊している微粒子を採取して分析、一九八〇年までにディーゼル微粒子の発がんや催奇形性などの変異原性はディーゼル車のトンネル通過量の多いほど高まることを確認した。ディーゼル車の交通量が増えるほどディーゼル微粒子の濃度が高くなり、その変異原性も高まるものとみられる。

ラットを用いた動物実験で肺がんを発生させることは一九八六年七月、第四回国際毒科学会議（筑波研究学園都市）の国際シンポジウムで、米国、西ドイツ、スイス、日本（結核研究所、埼玉医科大学）の六研究機関の共同研究グループが行なった発表でも明らかになった。「ディーゼル排気物質の健康影響に関する調査研究」と題する、この研究はディーゼル微粒子を二年間、ラットの気管内に入れて吸わせ、肺がんになる状況を調べたところ、注入したラットの七四パーセントが肺腫瘍、四八パーセントが肺がん（悪性腫瘍）になった。この実験によって高濃度のディーゼル微粒子をラットに長期間、投与すれば肺がんが引き起こされることが証明された。

共同研究者の一人、竹本和夫埼玉医科大学教授は「肺がんの増加はたばこのみではなく、環境汚染も深く関係している。ディーゼル排出ガスは規制が遅れていると考えられる」と述べ、さらに「ディーゼル自動車の台数は増え続け、また軽油消費量も増加している現在、肺がん死亡率が胃がん同様に低下するのはいつの日になるであろうか」とディーゼル車対策を急ぐ必要性を強調した。

一九九三年度から九七年度まで、国立環境研究所は「ディーゼル排気による慢性呼吸器疾患発症機序の解明とリスク評価に関する研究」と題する特別研究（代表・嵯峨井勝・青森県立大学教授）を行ない、一九九九年に報告書をまとめた。

研究班はまずマウスに普通脂肪食（四パーセント）、高脂肪食（一六パーセント）、これらにそれぞれ二〇〇ｐｐｍのベータ・カロチンを添加した飼料を与え続け、次に空気一立方メートル当たりの濃度が〇・〇五ミリグラム、〇・一ミリグラム、〇・二ミリグラムのディーゼル微粒子を毎週一回、十週間にわたって気管内に投与した。カロチンは動植物に含まれる重要な色素「カロチノイド」の一種。ベータ・カロチンはカロチンが持つ多くの異性体中の一つで、異性体中、最も広く分布し、量も多い。ベータ・カロチンはニンジンの根、トウガラシの実、葉緑中の葉緑素などに含まれ、結晶は暗赤色。動物体内では分解されてビタミンAとなる。三種類の食物を与えた実験の結果、高脂肪食群では発がん性が上昇し、ベータ・カロチン添加群では発がん性が著しく低下するとともに、両者の間には非常に高い相関性が認められた。

研究班は最後にマウスにディーゼル排気を吸わせた発がん実験のデータを解析した。その結果、マウスでは、空気一立方メートル当たりの濃度がゼロミリグラム、〇・三ミリグラム、一ミリグラム、三ミリグラムのディーゼル微粒子を吸入させた各マウス群の発がん発生率の間に、はっきりした違いは認められなかった。しかし高脂肪食を与えた濃度同三ミリグラムのマウス群では発がん率が増加する傾向が認められた。さらに、この実験では、ベータ・カロチンが肺での発がん率を高める働きをしたことも明らかになった。

研究班は、この動物実験の結果について、『国立環境研究所年報　平成八年度』で①ディーゼル微粒子の発がん性を疑わせることはできないと思われる、②これまでの疫学的研究により、ベータ・カロチンは人の体内で発がん性を抑制するよりも促進的に作用しているという結果が得られているが、この実験の結果はこの疫学的研究結果を支持するものとなった――と総括している。

また肺に存在する物質の働きによって、多量の活性酸素が生成され、肺がんの発生率とDNA（デオキシリボ核酸）の活性酸素による損傷物の生成物（8―ヒドロキシデオキシグアノシン）との間に高い相関性があることも分かった。このことから、研究班はディーゼル排出ガスあるいはディーゼル微粒子によって肺がんが引き起こされる際、活性酸素が深く関わるという新事実を見出した。

また財団法人・結核予防会結核研究所（東京都清瀬市）は環境庁の委託を受けて二年間、ネズミに環境基準の五十倍という高濃度のディーゼル微粒子を吸わせる実験を行ない、その結果、四二パーセントのネズミに肺がんが発症したことを確かめた。この実験の結果、排出ガスの濃度が高ければ、それだけがんになるネズミの割合が高いことが分かり、ディーゼル微粒子に発がん性のあることが確認された。

また同研究所の岩井和郎顧問が一九九八年九月の大気環境学会で発表した動物実験の結

果によると、ディーゼル車の排出ガスをラットに吸わせ続けると、三十カ月後にできた肺がんのうちの九割が腺がんだった。近年の肺がんの動向で特徴的なことは、喫煙が腫瘍の原因とみられている扁平上皮がんが減少傾向にあるのと対照的に、腺がんが増えていること。ラットによる実験結果はディーゼル微粒子と肺がんとの関係を示すものであろう。

ディーゼル微粒子を呼吸器に投与する様々な動物実験の結果から、ディーゼル微粒子ががんを引き起こすことを疑う者はもういない。しかも投与するディーゼル微粒子の濃度が高いほど肺がんになりやすいことも分かっている。

ディーゼル微粒子が引き起こす障害は肺がんだけではない。気管支ぜん息や生殖障害の原因にもなっている。こうした研究結果からディーゼル車の排出ガス規制の強化が今、強く求められているのだ。

第二章　ぜん息・花粉症とディーゼル微粒子

ディーゼル車の急増と花粉症・ぜん息

花粉症が日本の国民の一割、一二〇〇万近い人々を悩ませている。その原因について「戦後、植林したスギが今、花粉を飛ばしている」という人が少なくない。中には「スギを伐採して、ほかの樹種に植え替えなければならない」という人までいる。

しかしスギ花粉症が増えた原因にはディーゼル微粒子が深く関わっている。スギを伐採してほかの樹種に植え替えれば解決するわけではない。ディーゼル車のディーゼル微粒子排出をなくす対策こそ、急ぐべきなのだ。花粉症の原因について考えてみよう。

米国やカナダでは早くからブタクサ（キク科）、ヨーロッパでは家畜の肥料となるイネ科の牧草を主な原因物質とするアレルギー性鼻炎が人々を苦しめていた。花粉症は一八二〇年代に英国で最初に発見された。

いっぽう日本では太平洋戦争前はもちろん、戦後も少なくとも一九五五年までは医学界で「日本にはアレルギー性鼻炎はない」といわれ、花粉症は一九七〇年代半ばごろまで、ほとんど知られていなかった。

栃木県日光市の日光スギなどの産地では昔から毎年春先になると、スギ花粉が風に乗って煙のように飛び交っている。だが、そこに長い間、生活し、毎年スギ花粉をたくさん吸っていても、そのことだけでスギ花粉症に悩まされた人はいなかった。

また戦前から植林されていた京都の北山スギ付近の住民にも、これまで花粉症が多発したことはなかった。

多くの人々を悩ますようになったのは、ディーゼル自動車が増加し始め、ディーゼル微粒子が大気を汚染するようになってからである。わが国ではスギが一九五〇年代後半に「拡大造林政策」のもとに大規模に植林され、その結果、全国の針葉樹人工林面積の約四五パーセントを占めている。しかし一九七〇年代半ば以降の林業の不振で、スギ林は間引きも枝打ちもされずに放置されている。手入れが悪く、密集状態になるなど生育条件の悪いスギほど早く、しかも多くのスギ花粉を付ける。日光のスギは戦後植林された後、伐採も手入れもされずに放置されていたために、長い間、膨大な量の花粉が空中に飛散していた。

一九六三年当時、日光市の病院の耳鼻科に勤務していた新進の斎藤洋三医師（後に東京医科歯科大学助教授を経て医療法人財団・神尾記念病院顧問に就任）は目や鼻のアレルギー症状を訴える患者に接し、その原因を調べてみた。その結果、広大なスギ林から飛散したスギ花粉が遠方にまで運ばれて鼻炎を引き起こす一因となることを科学的に究明した。斎藤医師はこの鼻炎を「スギ花粉症」と名づけ、一九六四年の日本アレルギー学会で調査研究の結果を初めて発表した。実際には多くの人がスギ花粉症にかかっていることがこれによって分かったのである。

斎藤教授によると、スギ花粉症が激増したのは一九七六年以降だという。

花粉症はなぜ、どのようなメカニズムで起こるだろうか。花粉症は植物の花粉が原因となって起こるアレルギー性の病気である。このことから、花粉症のことを「花粉アレルギー」ともいう。

体の中に花粉など動植物の特定の成分が入ると、この成分と結合することができるたんぱく質が合成される。このたんぱく質を「抗体」と呼ぶ。この抗体にはいくつもの種類があり、総称して「免疫グロブリン」（Ｉｇ）という。「免疫グロブリン」は体内に異物が侵入してくると、これを破壊して体外へ押し出そうとして多量に作り出される。人の「免疫グロブリン」は普通、構造の僅かな違いによって五つに分類される。この五つの「免疫グロブリン」のうちの一つに「免疫グロブリンＥ」（ＩｇＥ）がある。

スギ花粉が呼吸によって吸い込まれ、鼻粘膜に付着すると、スギ花粉は粘膜の水分を吸って破れ、中のスギ花粉細胞が溶け出す。花粉細胞中のたんぱく質を受け入れまいとして作り出された多くの「免疫グロブリンＥ」（抗体）は鼻粘膜の肥満細胞に付着し、溶けた花粉細胞（抗原）と肥満細胞の上で結合する。すると、肥満細胞が壊れてヒスタミンやセロトニン、ブラジキニンなどの化学物質が外に出てくる。たんぱく質の分解によって生じるヒスタミンは、人を含む動物の血液や組織の中に不活発な状態で存在し、血管を拡張させたり、腸管・子宮筋を収縮させたりする。

体質的にアレルギーを起こしやすい人が繰り返しスギ花粉と結合したディーゼル微粒子などのアレルギー原因物質を吸っていると、肥満細胞の中から溶け出したヒスタミンが体内に過剰に遊離する。その結果、体内には「免疫グロブリンE」が多量につくられ、さらにスギ花粉と結合したディーゼル微粒子などを吸い込むと、アレルギー反応（抗原抗体反応）を起こし、炎症や目のあたりのかゆみ、鼻水、くしゃみなどの花粉症の症状が現われる。これが花粉症発症のメカニズムである。飛散している花粉の数が一平方センチ当たり一〇〇個を超えると、アレルギー性鼻炎などの花粉症の症状を訴える人が急増するといわれている。

東京などの大都市では五人に一人が花粉症といわれるまでに花粉症患者が増加、近年、「スギが原因だから、スギをほかの樹種に変えよう」という声が出ている。先に述べたとおり、確かにスギ林は日本の森林面積の約四割を占める人工林のうちの五パーセントに当たる約四五〇万ヘクタールを占め、花粉を多く出す樹齢に達して毎年春、多量の花粉を飛散させている。しかし花粉症の多発はディーゼル微粒子の排出量が増加するなど大気汚染が原因である。スギを他の樹種に植え替えるより、ディーゼル微粒子の排出をなくすことを花粉症の患者発生を防ぐ根本策とすべきである。

ぜん息とディーゼル微粒子の関係

ディーゼル微粒子濃度の増大に伴い、ぜん息に悩まされる患者も急増した。厚生省が三年ごとに各年七月に実施している「患者調査」の結果から、ぜん息の増加ぶりを見よう。

一九五三年の第一回患者調査のぜん息患者発生率は一〇万人当たり一五人だったが、一九七八年には同六七人に増え、一九九六年には同九一〇人に増加した。一九五三年からの四十三年間に六十倍という急増ぶりである。

ぜん息患者はどの年代が多いのか。一九九六年の「患者調査」から十歳ずつに区切って調べた推定患者数をみると、最も多いのがゼロ歳児〜九歳で三六万四〇〇〇人（三一・八パーセント）、二番目に多いのが十代の一四万三〇〇〇人（一二・五パーセント）。この二つを合わせた十九歳以下は四四・二パーセントの五〇万七〇〇〇人と多い。三番目が六十五〜七十四歳の一三万九〇〇〇人（一二・一パーセント）、四番目が五十五〜六十四歳の一二万六〇〇〇人（一一・〇パーセント）。六十五歳以上は二〇・六パーセントの二三万六〇〇〇人である。

一九九九年度の『学校保健統計』速報（幼稚園〜高校のうち、九一六五校、約一一八万人）によると、ぜん息の児童・生徒の割合は幼稚園一・五パーセント、小学校二・六パーセント、中学校二・〇パーセント、高校一・三パーセントとなり、いずれも過去最高を記録した。厚生省の「患者調査」によると、この年代の全国の推定ぜん息患者数は一九七八年の一万七四〇〇人から一九九六年には二八万四〇〇〇人に増加した。十八年間に一六・三倍という急増ぶりだ。

大人を含めた全国の気管支ぜん息の患者数は最近二十年間に三倍以上も増え、現在約三四〇万人。また東京都の大気汚染による公害病認定患者は約六万三〇〇〇人で、十年前と比べて二万五〇〇〇人以上、増加している。

ディーゼル微粒子とアレルギーの原因物質（アレルゲン）を長期間にわたって吸入すると、気管支ぜん息が起きることが国立環境研究所研究グループのマウスを使った特別研究（前出）によって一九九八年に実証された。

この動物実験の中心になったのは青森県立保健大学の嵯峨井勝教授。一九九三年、嵯峨井グループはまずアルブミンというアレルギー原因物質を三週間に一回の割合でマウスに投与し、投与を始めてから十五週間後に、今度はディーゼル微粒子を含む空気を三十四時間にわたり吸わされた。ディーゼル微粒子の濃度は交通量の多い幹線道路沿いに匹敵する。

その結果、空気一立方メートル当たり〇・三ミリグラム（汚染のひどい地域に相当する）のディーゼル微粒子を吸わされた、アルブミンを投与したマウスは気道の炎症を起こし、アルブミンだけを投与したマウスに比べて、免疫細胞が一四パーセントも増加していた。この免疫細胞は好酸球といい、気管支ぜん息の指標と、数値が高くなるほど気管支ぜん息が起こりやすくなる。しかもディーゼル微粒子を吸わせたマウスの肺はひどく変色してむくみ、気管支の内側表面は傷ついて盛り上がった。

次にディーゼル微粒子の濃度を空気一立方メートル当たり一ミリグラムに増やすと、好酸球は二・三倍に増加した。しかしディーゼル微粒子を吸わせただけのマウスは好酸球の数値にあまり変化はなかった。

以上のことから、研究グループは結論として、①ディーゼル微粒子とアレルギー原因物質が一緒に吸い込まれると、ぜん息が起きやすくなること、②その症状はディーゼル微粒子の濃度に比例すること——の二点を挙げた。

この研究結果は一九九八年六月三日に東京都内で開いた同研究所公開シンポジウムで発表された。

これより前、国立環境研究所はディーゼル微粒子とぜん息など呼吸器疾患との関係について、東日本学園大学と共同研究を行ない、一九九二年一月に報告書にまとめている。

この共同研究はディーゼル微粒子をマウスに投与、その毒性の影響を調べる動物実験を繰り返す手法で進めた。最初の動物実験では、〇・六ミリグラムのディーゼル微粒子を含む実験液〇・一ミリリットルを投与したところ、マウスは一日以内にその半数が死に、微粒子の量を〇・九ミリグラムに増やすと、すべてのマウスが死亡した。同研究所は、このことからディーゼル微粒子の毒性の強さが確かめられたとしている。

国立環境研究所は次に、活性酸素の生体中の活動を妨げる酵素をラットの体内に注入、これによってマウスの死亡率が減少することを発見した。この発見をもとに、ディーゼル微粒子が活性酸素を作り出し、これが血管の内皮細胞を傷つけるメカニズムが解明され、ディーゼル微粒子と呼吸器障害との関係を明らかにした。

国立環境研究所はさらに四気筒ディーゼルエンジンを実際に車が走ったのと同じ状態で燃焼させ、フィルターを通して集めたディーゼル微粒子を溶液に混ぜてマウスの気管に投与した。その結果、ディーゼル微粒子の濃度の違いによって、症状に大きな差が生じた。高濃度のディーゼル微粒子を投与されたマウスは半数が肺水腫になって二十四時間以内に死亡したが、低濃度のディーゼル微粒子を週一回、計一一回、投与したマウスは血管内皮細胞が破壊されて肺組織に炎症が生じ、患部に集まった好酸球が活性酸素を生成してぜん息と同じ症状を起こしたのである。同研究所は、「これによりディーゼル微粒子が住民の呼吸器障害を引き起こす真の原因物質であることを確認することができた」と発表した。

同研究所と帝京大学附属病院研究グループが一九九三年に五匹のネズミの肺に一〇〇〇ppmのディーゼル微粒子を一週間に一回、十六週間にわたって直接投与して気管支の収縮度を調べた実験結果も注目された。この動物実験では、マウスの気管支が敏感になり、五匹全部の気管支が普通の状態と比べて百倍も敏感になっていた。

日本アレルギー学会などによると、ぜん息は①気管支に炎症を増幅させる免疫細胞が増える、②気管支が敏感になり、わずかな刺激を与えても収縮する――の二条件がそろったときに発症するという。ディーゼル微粒子がぜん息を引き起こすかどうかの動物実験では、この時点まで②が立証されておらず、環境庁もディーゼル微粒子とぜん息の因果関係は明確ではないとしていた。

この実験の結果、同庁は両者の因果関係はほぼ立証されたとし、「今後は人間への影響について、さらに疫学調査を重ねる必要がある」とコメントした。

一九九一年十二月、環境庁は大気汚染が小学生にどんな影響を与えているかを調査した結果をまとめ、中央公害対策審議会（中央環境審議会の前身）の大気、交通両部会に報告した。この調査は大阪、京都、埼玉の八小学校の児童計約五〇〇〇人を対象に一九八六～九〇年

図2　浮遊粉じんとぜんそく症状新規発症率

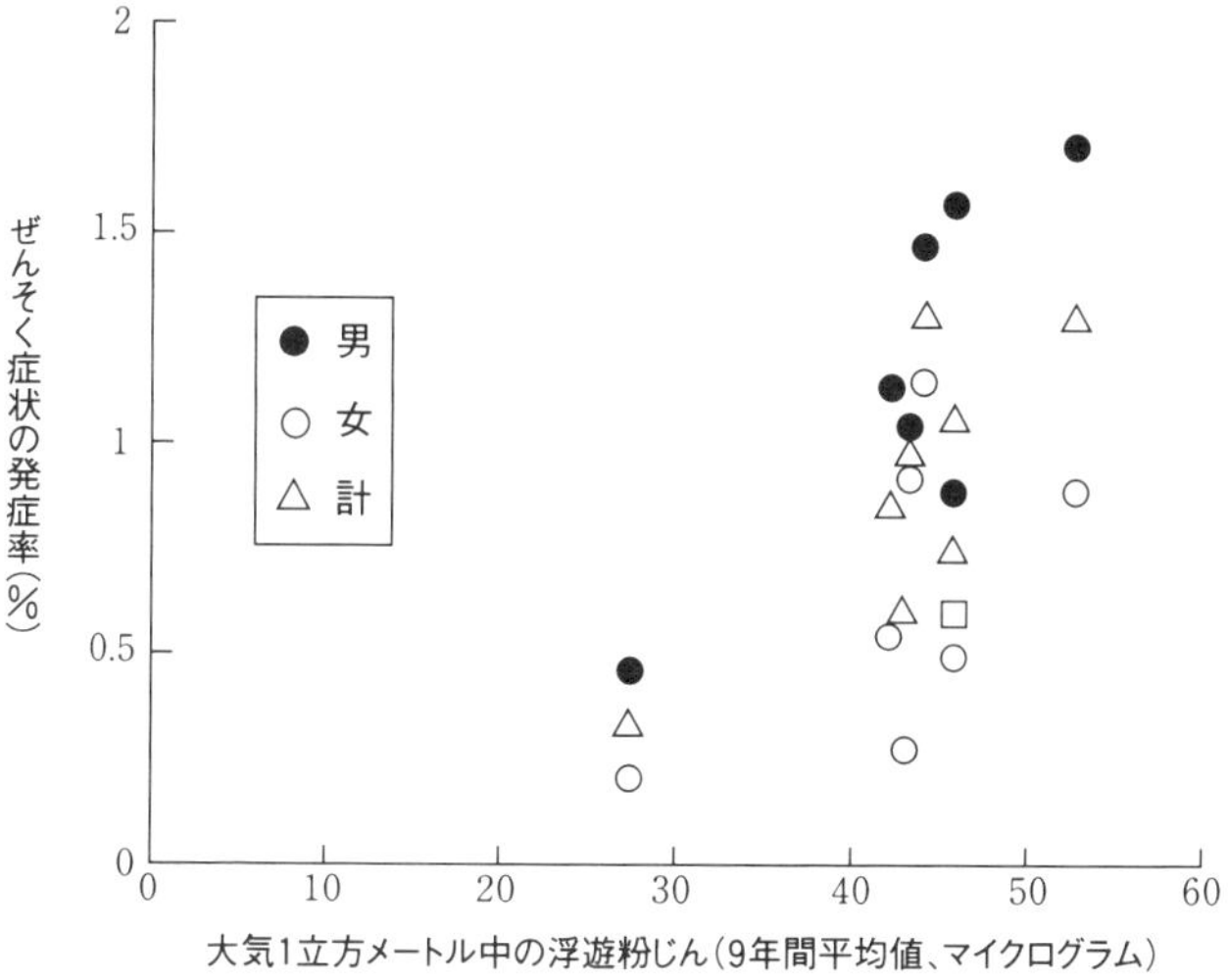

出所）環境庁資料

の五年間、ぜん息症状の有無や発症時期などを継続して調べ、その結果を大気汚染状況と比較しながら分析したものである（図2）。

この調査の結果、小学校に入学後、新たにぜん息になる児童の比率は浮遊粉塵や二酸化窒素の汚染がひどいところほど高いことが明らかになった。これまで高学年ほどぜん息の有症率が高いと言われてきたが、今回の調査結果では、学年による発症率の違いはほとんどなかった。

横軸に大気一立方メートル中の浮遊粉塵、縦軸にぜん息症状の発症率を取って、大気中の浮遊粉塵濃度とぜん息症状の新規発症率との関係をみると、四〇マイクログラムを境にして、それ以下の濃度では新規発症率が極めて低く、最高でも〇・五パーセント。いっぽう五〇マイクログラムを超えた高濃度汚染地では最高一・七パーセントにもなっていた。

また大気中の二酸化窒素濃度との関係では、年平均で二〇ｐｐｂ（一ｐｐｂは一〇億分の一）以下では、ぜん息の新規発症率は〇・五パーセント以下だが、三〇ｐｐｂ付近では最高一パーセント、四〇ｐｐｂ付近では最高一パーセント、四〇ｐｐｂ付近では一・五パーセント近い高さ（いずれも男子）だった。

一九九九年十月二十七日、環境庁が大気中の浮遊粒子状物質、二酸化窒素、窒素酸化物、硫黄酸化物の濃度とぜん息の有症率の関係について全国三六地域の三歳児約七万九〇〇〇人を対象に九六年度から三年計画で調査した結果を報告書にまとめた。報告書によると、ぜん息症状は九六年度の一・八三パーセントから九七年度は三・四一パーセントへ増加したが、大気汚染状況には悪化傾向が認められず、浮遊粒子状物質とぜん息有症率との関係について「統計的に有意な差が認められなかった」と結論した。多くの研究機関の研究結果では浮遊粒子状物質と呼吸器疾患との関係を認めてきたのに、環境庁の疫学調査の結果が認めなかったことに対し、一部専門家から「意図的に認めなかったのではないか」との批判が出た。

花粉症とディーゼル微粒子の関係究明

一九八〇年代、ディーゼル微粒子に着目して花粉症の発症原因を究明したのが古河日光総合病院（現・古河記念病院）の小泉一弘院長らである。

小泉院長が花粉症に悩まされている全国の学童数を調べてみると、農村地区の場合、あまり増えていないのに、多量のスギ花粉が飛散する山林から遠く離れた大都市の学童の間では急増していることが分かった。一九八〇年には東京都内の大気汚染地区学童の三人に一人がアレルギー性鼻炎に悩まされているという調査結果の報告もあった。

いっぽう日光スギの生い茂る山林に近く、毎年春、多量のスギ花粉の飛散が縁側を真っ黄色に染めるほど多い地域でも、スギ花粉症に苦しんだ人が多いという記述もエピソードも残っていなかった。

小泉院長は村中正治・東京大学医学部物療内科助教授（後に湯河原厚生年金病院院長）と協力、花粉症を発生させる他の因子としてディーゼル車の排出ガスに含まれている微粒子に着目、原因究明の実験を続けた。実験では、あるマウスにスギ花粉中のアレルギーを起こさせる物質を注射し、別のマウスにはこれにディーゼル微粒子二ミリグラムを混ぜて注射して抗体の状況を比較しながら観察した。

すると、スギ花粉中のアレルギー原因物質を注射したマウスは抗体がほとんど増えないのに、ディーゼル微粒子を混ぜて注射したマウスには多くの抗体がつくられ、花粉症の発症率がはるかに高かった。この動物実験によって、ディーゼル微粒子がスギ花粉中のアレルギー原因物質と容易に結びついてアレルギー性鼻炎を引き起こすことが明らかになった。小泉院長はこの研究を論文にまとめ、一九八五年発行の医学雑誌『日本医事新報』第三二八〇号に発表した。

小泉院長は次にディーゼル微粒子と花粉症との関係を調べるため、地区住民全体に占める花粉症患者の割合を調べてみた。その結果、花粉症患者の最も多かったのは今市市のスギ並木地区で、患者数の割合は一四パーセント。また日光のスギ並木地区でも一二パーセントだった。

ところがスギが極めて多く、交通量のほとんどない日光市小来川地区では花粉症の発症率がわずか五・二パーセントと低かった。小泉院長は先の実験結果と、この調査結果から、ディーゼル微粒子が花粉と結びついて花粉症の発症を助長するという結論を導き出し、一九八五年の日本アレルギー学会で発表した。

小泉医師が最近、交通量の非常に多い日光街道沿いにある日光市中心部の小学校と同市郊外の山間部の小学校で花粉症にかかっている児童数を比較してみた。花粉症にかかっているかどうかは小泉医師が花粉のエキスを児童の腕に付け、現われる反応によって検査した。すると、飛んでくるスギ花粉の量はほぼ同じなのに、日光街道に近い市中心部の小学校児童の方が山間部の小学校児童よりも、ずっと多かった。

ガソリン車とディーゼル車の微粒子排出量を比べると、ディーゼル車の方が圧倒的に多い。これらのことから、小泉医師は二つの小学校児童の花粉症患者数の違いは、児童が吸い込むディーゼル微粒子の量の違いが原因と考えた。ちなみに小泉医師が一九九〇年に日光市の小学生を対象に調査した結果では、スギ花粉症の児童は全体の二三・六パーセントだった。

都市部のスギ花粉は地表がアスファルトやコンクリートによって覆われたため着地後、再び飛散したり、ヒートアイランド現象による上昇気流やビル風など上空に舞い上がって、そこでただよっているものなどさまざまである。

スギ花粉がディーゼル微粒子などの小さい粒子と結びつき、吸入されると、花粉症を発症させることは、これまで多くの動物実験で明らかにされている。どのようなメカニズムで花粉症になるのだろうか。

動物実験はまず交通量の多い幹線道路わきに集塵機を置き、ディーゼル微粒子などの小さな粒子を採集し、そのうちのごくわずかな量をスギ花粉のエキスに混ぜてマウスに吸わせ、もういっぽうのマウスには花粉だけを吸わせて、アレルギーの引き金になるＩｇＥ（免疫グロブリンのひとつ）の量をそれぞれについて測定し、比較する。ＩｇＥが増えれば、それだけアレルギーになりやすい。

二グループのマウスの反応を比べると、スギ花粉とディーゼル微粒子の混合物を吸わせたマウスの方が花粉だけを吸わせたマウスよりも約十倍も多くのＩｇＥが出てきた。これは水分に触れ、割れたスギ花粉の中から蛋白質が出て、これが水に溶け、微粒子を吸着するためだ。

一九九八年十二月二日の日本アレルギー学会で国立感染症研究所の阪口雅弘主任研究官と大阪大学の和秀雄教授らが発表したニホンザルのスギ花粉症に関する調査研究は興味深い。二人は九七年春、兵庫県内の野外にいるニホンザル二七二頭の観察結果から二一一頭に目のかゆみ、くしゃみ、鼻水など花粉症の症状を確認し、血液を調べたところ、一九頭がスギ花粉の表面と花粉中の両方の蛋白質に反応した。人のスギ花粉症の場合、大部分が人の血液中の抗体が抗原となるスギ花粉の表面の蛋白質と花粉の中の蛋白質の両方に反応するので、サルの花粉症は人の花粉症とそっくりであることが分かった。

微粒子に吸着した花粉の蛋白質は液状の時よりも大きくなる。細胞がこのたんぱく質を異物と認識すると、ＩgＥをつくるよう指令を出すため、大量のＩgＥがつくり出されて、免疫を狂わせ、その結果、花粉症が増えているとみられている。

一般にアレルギー体質、アトピー体質の人はアレルギー抑制因子が欠けているためにスギ花粉などの抗原が体内に入ってきて抗体をたくさんつくっても、これを抑えることができない。その結果、抗体が一定量を超えて大量につくられ、スギ花粉症が発症する。日本人は全人口の四〇パーセントがアレルギー体質だから、この人たちが花粉症になり得るという説がある。

しかし近年の花粉症患者の急増ぶりなどからみて、このような体質的要素以外のものが鼻粘膜に影響を与え、抗原物質の体内への侵入を容易にしているとみられるようになった。そんな疑いを持たれた物質がディーゼル微粒子なのである。

全国自動車保有台数は二〇〇〇年三月現在、七千数百万台に増え、そのうちのかなりの割合がディーゼル車。ディーゼル車は今なお急増を続けており、これに伴って花粉症患者が増加の一途をたどっている。確かにアレルギー原因物質は花粉に限らず、ハウスダスト、ダニなどさまざま。とくに居住空間密閉性が高まって塵やダニが発生しやすくなったことが呼吸器アレルギーの要因のひとつとみられている。だがディーゼル車の急増による大気中のディーゼル微粒子濃度の増大や、これまでの疫学調査、動物実験の結果などから、ディーゼル微粒子の方が塵やダニよりも、花粉症の発症に大きく関わっているとみるのが自然だろう。

「東京都花粉症対策検討委員会」（都衛生局）が大田区、調布市、あきる野市の三地域から無差別に選んだ三六〇〇人を年齢階層別に五グループに分け、アンケート調査を実施し、一九九七年三月に専門医がこれを基に検診した結果から推計したところ、都全体の花粉症患者は一九・四パーセントで、一九八三～八七年度の前回調査の一〇・〇パーセントのほぼ二倍。年齢別では三十～四十四歳が最も多かった。都内の花粉症患者が十年間に二倍に急増し、五人に一人の割合になったことはディーゼル車の増加によるものとみられる。この調査結果は一九九九年十一月二十五日の日本アレルギー学会で発表された。

東京都の調査によると、ゼロ歳から十四歳までで花粉症にかかっている児童の数は一九八五年時点の二・四パーセントから九六年には八・七パーセントへ急増した。花粉症発症者数のこのような増加傾向は、まさにディーゼル車の急増の時期と重なっている。

花粉症の症状は鼻や目がむずかゆくなり、くしゃみ、鼻水が止まらないなど。残念なことだが、花粉症には今のところ、根本的な治療方法がなく、早い時期の自然治癒は期待しにくい。このため多くの患者が抗アレルギー剤の内服や副腎皮質ホルモン剤などの鼻への噴霧、点眼治療などの対症療法で対処しているのが実情である。

現在、日本で花粉症にかかっている人は各地域人口の平均一割、東京都花粉症対策検討委員会の研究によると、東京では二割と言われ、スギ花粉に対する抗体保持者は人口の三割と推定されている。抗体保持者のうち一割強はすでに発病、残り二割弱は抗体を持っていながら、まだ発病していない。このように増えた花粉症の原因については、発症の八割にスギ花粉が関与し、残り二割にブタクサ、セイダカアワダチソウ、ヨモギ、イネ科のイタリアンライグラス、カモガヤ、スズメノテッポウなど四十数種の植物の花粉が関わっているとする見方が有力である。

効果的な規制が実施されず、ディーゼル車がもっと増え、ディーゼル微粒子による大気汚染がさらにひどくなれば、残り二割の「花粉症予備軍」も花粉症にかかる可能性がある。

生殖機能を損なうディーゼル微粒子

ディーゼル車の排出ガス中の微粒子には精子の生産能力を低下させたり、流産を引き起こすなど生物の生殖機能を損なう毒性のあることが動物実験の結果、明らかになっている。

精子の生産能力の低下に関する動物実験に携わったのは東京理科大学薬学部、帝京大学医学部、国立環境研究所、栃木臨床病理研究所、結核研究所の五研究機関の研究者たち。

一九九六年四月ごろからディーゼル排出ガスの濃度を一定に保った専用の飼育室でマウスを育て、マウスの精子の生産能力、運動能力や精巣の形態変化の状況などを共同で調べた。

飼育室のディーゼル微粒子濃度は①空気一立方メートル当たり〇・三ミリグラム、②同一ミリグラム、③同三ミリグラム——の三通りに分け、それぞれの専用室で育てたマウスの精子生産能力とディーゼル微粒子を吸わなかったマウスの精子生産能力を比較した。自動車交通量が多い道路周辺ではディーゼル微粒子の濃度は空気一立方メートル当たり〇・一五ミリグラム程度のところが多いので、実験に使った濃度は実際の大気汚染濃度より二倍、約七倍、二十倍に当たる。

その結果、〇・三ミリグラムの濃度の部屋で育てたマウスの精子生産能力は微粒子を吸わなかったマウスと比べて二一パーセント、一ミリグラムの濃度では三六パーセント、三ミリグラムでは五三パーセント、それぞれ減少していた。つまり交通量が多く、道路周辺のディーゼル微粒子の濃度が高いほど精子の減少する割合の大きいことが明らかになったのである。この実験の結果は一九九八年十月、大阪で開かれた「環境トキシコロジー・シンポジウム」で発表された。

ディーゼル微粒子が流産を引き起こす作用に関する動物実験に携わったのは国立環境研究所の鈴木明主任研究員ら。鈴木主任研究員らはまず妊娠させたメスのマウス六〇匹を四グループに分けたうえ、妊娠八日目から十二日目にかけて溶媒に溶かしたディーゼル微粒子をすべてのマウスに静脈注射した。注射量は六〇ミリグラム、六ミリグラム、〇・六ミリグラムずつ。これによって分けた三つのグループの流産率を調べた。

その結果、六〇ミリグラムずつ注射したグループの流産率は三三パーセント、六ミリグラムずつのグループの流産率は四四パーセント、〇・六ミリグラムずつのグループの流産率は七一パーセントと、注射量が少ないほど高い流産率を示した。注射量が最も多い六〇ミリグラムのグループでは出産時に胎児が子宮口に詰まり、胎児一〇匹がすべて死産したケースが一例あった。溶媒だけを注射し、ディーゼル微粒子を与えなかったグループのマウスはすべて無事に出産した。

浮遊粒子状物質の環境基準は大気一立方メートル当たり〇・一ミリグラム。六〇ミリグラムのディーゼル微粒子の注射は、この環境基準の三十倍の濃度の大気を六カ月間、吸ったのと同じレベルである。

ディーゼル微粒子の濃度が低いほど流産率が高い理由は不明。ディーゼル微粒子はベンツピレンやダイオキシンなどの発がん物質を含む約一〇〇〇種類の化学物質からなり、この中のどんな物質がどのようなメカニズムで、このような流産率の差を生じさせるのかは今後の研究課題とされている。この実験結果は一九九九年九月二十八日から三重県で開かれた大気環境学会で発表された。

精子を生産する機能を制御したり、調整したりしているのは脳下垂体から分泌される黄体形成ホルモンと卵胞刺激ホルモン。近年、環境ホルモン（内分泌攪乱化学物質）が精子の生産機能や男性ホルモン合成機能を妨げる可能性が高いことを示す疫学データが数例、報告され、注目されている。

これは環境ホルモンが脳下垂体や、これをつかさどっている視床下部などの器官に作用し、黄体形成ホルモンの形成を阻むためだとされている。環境ホルモンをサルやラット、マウス、モルモット、ニワトリなどに投与すると、精子の生産機能が弱まり、精巣、ペニスも小さくなることも、動物実験で確かめられている。

ただ環境ホルモンの代表的存在であるダイオキシンはこの作用よりも、むしろ細胞に栄養障害をもたらし、これによって精巣の細胞内の機能を低下させるために精子生産が妨げられるとみられている。

前出・国立環境研究所の特別研究「ディーゼル排気による慢性呼吸器疾患発生機序の解明とリスク評価の研究」の研究班が東京理科大学薬学部の武田健教授や他の五つの研究機関と行なった共同研究では、マウスを三グループに分け、一立方メートル当たり〇・三ミリグラム、一・〇ミリグラム、三ミリグラムのディーゼル微粒子をマウスに一～十カ月間、吸わせて各濃度グループの精子の生産能力の変化などを調べた。

その結果、一日当たりの精子生産能力はディーゼル微粒子の濃度が高いほど低下、吸入を始めてから六カ月目で三グループの生産能力はそれぞれ二九パーセント、三六パーセント、五三パーセント低くなった。これはディーゼル微粒子も環境ホルモンと同様の作用を持つことを示すものである。

海外の研究報告には軽油中に一ｐｐｍ程度のダイオキシンが含まれているという分析結果がある。国内では一九九七年度に環境庁が大型ディーゼル・トラック（最大積載量一二トン）一台を実際に走らせて排出されたガスを集め、ダイオキシンの含有量を調べた。二回の調査結果から、全国で発生するダイオキシン類の総量は年間推定二・五キロで、車両重量一九トンの大型ディーゼルトラックの排出ガスに含まれているダイオキシン類の濃度は最大で一立方メートル当たり三ピコグラム（一ピコグラムは一兆分の一グラム）、平均値で二・六五ピコグラムが検出された。調査対象が余りにも少なすぎるが、このことから精子生産力を低下させた原因物質が軽油中のダイオキシンである可能生は少なくないと言えよう。

ディーゼル車の排出ガス中の微粒子には燃焼で生じた何種類もの発がん物質を含む多環芳香族炭化水素や窒素酸化物のようなガス成分などさまざまな化学物質が存在する。どの物質がどんなメカニズムで精子の生産能力を損なうのかは今後の研究課題とされている。

国立環境研究所の特別研究では東京都と全国の自動車から排出されるダイオキシンの量を試算した。この試算では、一九九四年時点の日本の都市の大気に含まれていたダイオキシンの濃度を一立方メートル当たり〇・三七ピコグラム、都市大気中のポリ塩化ディベンゾダイオキシンとポリ塩化ディベンゾフランの合計量の約二・八パーセントが自動車排出ガスに由来するとし、これを基に一九九四年に自動車から排出されたディーゼル微粒子の総量を六万九四〇〇トン、そのうちダイオキシン類の発生総量を一六・八グラムと算出した。

環境ホルモンの持つ、このような作用と並んで、ディーゼル微粒子にも精子の生産能力の低下と流産という二つの生殖機能阻害を引き起こす作用のあることが動物実験によって明らかにされたことは重要である。ディーゼル微粒子に生殖機能阻害作用のあることがはっきりし、ディーゼル微粒子の毒性研究は新しい局面を迎えた。

ディーゼル微粒子とぜん息、ディーゼル微粒子と花粉症との関係については疫学調査と多くの動物実験の双方から、かなりのことが証明された。また最近の研究からディーゼル微粒子と肺がんとの関係についても多くのことが明らかになった。

しかしディーゼル微粒子と生殖機能障害、生殖医学については、疫学調査も始まったばかり。ディーゼル微粒子中にダイオキシンが存在すること、ダイオキシンは生殖機能を妨げることは分かっていても、ディーゼル微粒子の精子を減らす作用がダイオキシンのためか、それともダイオキシン以外の化学物質もそれに関わっているのかなど、まだ分からないことが多い。

その報告書は「私たちは、これらの知見を前にして、『まだ確かなことではない』という理由で対策を放置してきた過去の重い歴史をかみしめてみる必要がある。特に生殖器系に及ぼす影響は地球規模の環境問題と同様に、科学的に明らかになってきたときにはもはや取り返しがつかない問題である。そうした問題ばかりでなく、大都市部で現実に見られる健康被害についても、ディーゼル排気の影響を真剣に考える必要があるのではないだろうか」と結んでいる。

ディーゼル微粒子は肺がんを引き起こす原因物質のひとつであるだけでなく、ぜん息や花粉症の発症にも関わる危険因子であることが今や明白である。このうち花粉症については、自動車交通量の多い東京の中原街道や青梅街道などの幹線道路沿いの児童と東北の山村の児童を対象にして、アレルギー反応を調べた疫学調査が早くも一九七〇年代に行なわれている。そして一九八〇年代には疫学調査と動物実験の双方から、花粉症にディーゼル微粒子がどう関わるのかというメカニズムが解明されたのである。

第三章　汚染の拡大を放置した行政

ディーゼル車増加を誘導した安い軽油

ディーゼル車はなぜ急増したのだろうか。急増の原因は主に三つ。急増の最大の原因はディーゼル車にはガソリン車と比べて燃料効率がよく、燃料が安いというメリット、つまり経済性があること。二つ目は馬力が出ること、三つ目はエンジンの耐久性もよいことである。

一つ目の経済性についてみよう。原油からガソリンと軽油をつくる際の製造コストはほぼ同じ。一九六五年時点の卸価格をみると、軽油とガソリンの間に差はほとんどない。それなのに、なぜ課税額が違うのだろうか。

ガソリンにかかる揮発油税と地方道路税の二種類は大蔵省（二〇〇一年一月六日から財務省と改称）が担当、軽油にかかる地方税は自治省（同総務省に編入）が担当、いずれも道路建設の財源に充てられてきた。

税率を決めた昭和三十年代、乗用車は所得の高い一部の人が使うぜいたく品だった。このため課税当局は、ぜいたく品のガソリンには高い税を課し、国民生活に密着し、産業用にも使われる灯油と、産業の必需品トラックに使われている軽油はガソリンよりずっと安い税を設定した。この結果、灯油と軽油は値上げ幅をゼロにしたうえ、税金はガソリンの半分以下に抑えられた。しかしガソリンの価格と軽油の価格の差は一九七〇年代初めまでは十数円に留まっていた。

一九七三年十月の中東戦争を機に第一次石油危機が発生、さらにその数年後に第二次石油危機が起こってガソリンの価格が高騰すると、軽油とガソリンの間の価格差が一挙に拡大し、七四年には軽油の価格がガソリンよりリットル当たり四五円も安くなった。こうなると、価格の安い軽油を燃料とするディーゼル車に人気が集まり、業務に大量の燃料を使う運送業者のトラックからマイカーに至るまで、ガソリン車からディーゼル車に転換するようになり、ディーゼル車が飛ぶように売れた。

一九八九年時点でみると、軽油の小売価格が一リットル当たり七〇円であるのに対し、ガソリンの価格は軽油の一・七倍に当たる同一二〇円と、五〇円の差が生じていた。五〇円の差のうち、約三〇円が課税額の差である。軽油の価格はその後、ガソリンより四〇～五〇円安い状態が一九九〇年代初めまで続き、この間にガソリン車が急減するいっぽう、ディーゼル車が急増し続けた。

発がん物質や多量の窒素酸化物を排出するディーゼル車が税制上、優遇され、政府が高公害車の普及促進の役割をしたことは皮肉な現象である。

ディーゼル車の燃料効率はこれまで少なくとも二〇パーセント以上よいうえに、燃料である軽油の価格自体がリットル当たり四〇円以上も安くなれば、ガソリン車からディーゼル車への移行は当然の成り行きだった。ディーゼル車のもう一つメリットは馬力が出ること。ディーゼル車は一般にガソリン車に比べて馬力が大きいことは先に述べた。馬力の必要なダンプや大型トラック、バスはディーゼル車でなければ機能が果たせないといわれる。このメリットが一九五〇年代後半以降、鉄道の貨物をどんどん奪って伸びていたトラック輸送を促進する役割をした。そのトラックがガソリン車からディーゼル車に急ピッチで移行したのである。

こうしてトラック輸送は一九八五年に内航海運をしのいで国内の貨物輸送のトップに躍り出た。このころから自動車交通量が以前の五倍のペースで増加し始めた。ディーゼルトラックを中心とする自動車が国内貨物輸送に占める分担率は増え続け、一九九二年度の場合、五〇・二パーセントとなり、第二位の内航運輸を五・五ポイントも引き離した。かつて国内貨物輸送の大半を担っていた鉄道は自動車に食われてわずか五・一パーセントに落ち込んだ。

ディーゼルトラック、ディーゼルバスにはエンジンの構造によって、とくに大きな馬力が出る直接噴射式エンジンと、それほど馬力の出ない副室式エンジンの二種類がある。前

毎度ありがとうございます

勝木書店

ＫａＢｏＳ宮前平店
川崎市宮前区宮崎６－９－１
TEL 044-870-1221

2003年3月23日

お探しの本は

１　Ｆ

３００７
の棚にございます。

書　　名：子孫を残す細胞をまもれ！
著 者 名：武田　健
出 版 社：丸善
シリーズ：健康とくすりシリーズ
本体価格：1,200円
ISBNｺｰﾄﾞ：4-621-04738-8

9784621047385

見つからない場合は、お手数ですが
このレシートを係員までお持ちください。

図3　トラック・バスに占めるガソリン車・ディーゼル車の割合

（軽自動車を除く）

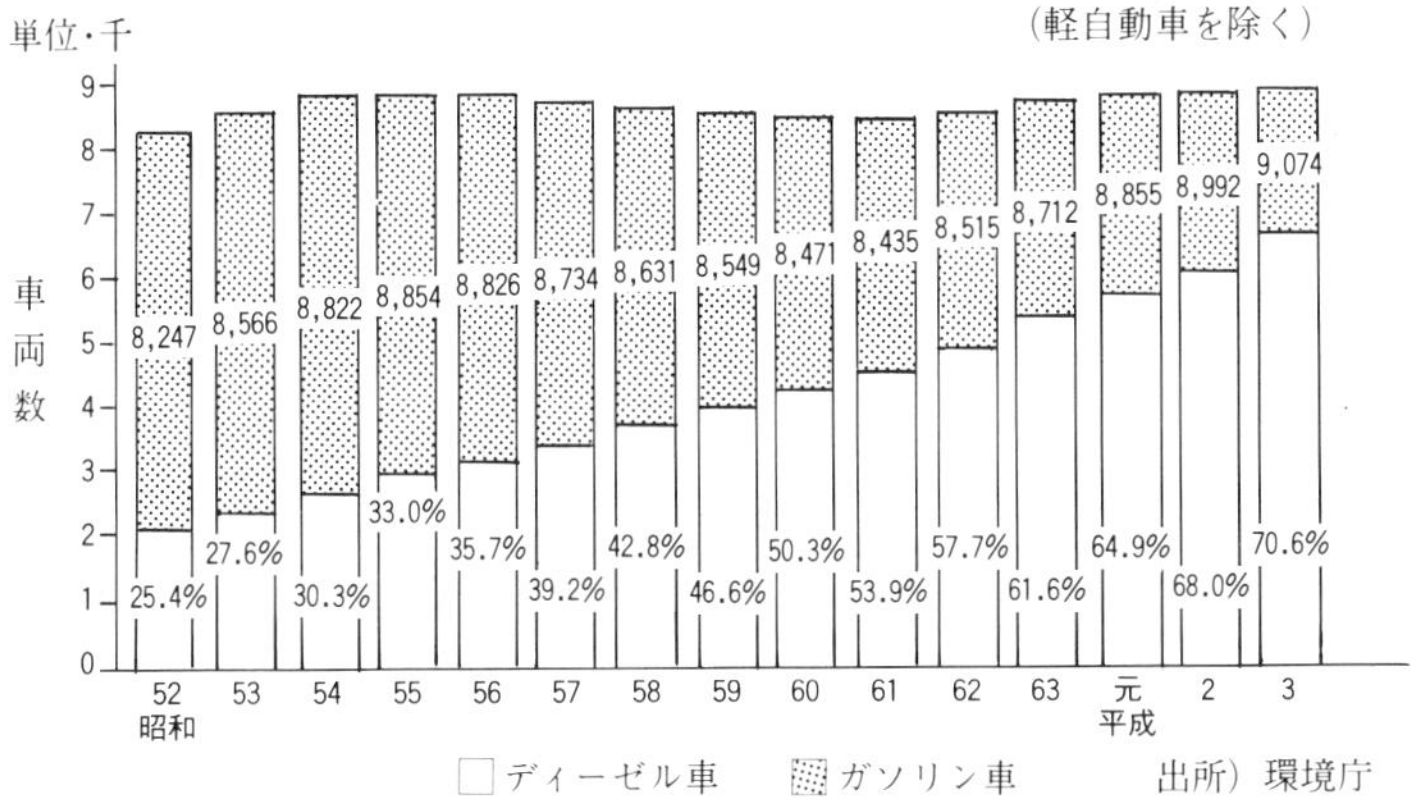

出所）環境庁

者は燃料をエンジンのシリンダー内に直接噴射して燃やす方式で、馬力が大きいだけあって、多量の窒素酸化物を出す。これに対し、後者はエンジン上部の副室で予備燃焼させた後に、シリンダー内に燃焼を移す方式で、窒素酸化物の排出量が比較的少ない。

ディーゼルトラック、ディーゼルバスの場合、馬力の大きい直接噴射式が年を追って増加し、逆に副室式が減少した。車両重量が八トン以上の大型トラックは一九八一年以降、全部直接噴射式だけになった。また車両重量が三・五トンから八トンまでの中型クラスのディーゼルトラックの場合でも、一九七九年に直接噴射式が二八パーセント、副室式が七二パーセントだったのが、一九八三年に逆転し、その四年後の一九八七年には直接噴射式が八三パーセント、副室式が一七パーセントとなった。

全国のトラック、バスの総数に占めるディーゼル車の割合は一九七七年の二五・四パーセントから一九九一年には七〇・六パーセントに増加した（図3）。大都市地域の伸びはとくに大きい。首都圏の東京、神奈川、千葉、埼玉の一都三県および近畿圏の大阪、兵庫の二府県の場合をみると、一九九八年時点では六都府県のいずれもディーゼルバスがほぼ一〇〇パーセント、トラックは兵庫県が七五パーセント前後、神奈川、埼玉、千葉、大阪の四府県がいずれも七〇パーセント前後、東京都が六〇パーセント強を占めた。

ディーゼル乗用車がわが国に初めて登場したのは一九六一年。当初はガソリン車と比べて乗り心地が悪いうえに、軽油より安いＬＰＧ（液化石油ガス）が自動車の燃料として開発されたために一九七〇年代初めごろから急減し、一九七三年の全国保有台数は約二八〇〇台にまで落ち込んだ。

ところが一九七三年十月に発生した第一次石油危機でガソリンの価格が高騰、軽油の価格がガソリンより四〇～五〇パーセントも安いという現象が起こった。燃料効率も、ディーゼル車の方がガソリン車より二、三割よかった。このためたとえば、二〇〇〇ＣＣクラスの場合、走行一キロ当たりのディーゼル車の燃料消費率、つまり燃費はガソリン車より約三〇パーセント優れていると言われている。

燃費のよい車が強く求められるなか、西ドイツのフォルクスワーゲンが世界で最も排気量の小さい一五〇〇CC級の小型ディーゼルエンジンを開発、一九七四年にこれを積載した小型乗用車「ゴルフ」を売り出した。騒音、振動も改善された。わが国でも、トヨタ自動車工業、いすず自動車両社が一九七七年秋にディーゼル車の生産を再開し、それまで独占的にディーゼル車を生産してきた日産自動車が新車を発売、東洋工業も自社開発したディーゼルエンジンを乗用車に搭載した。

こうして日本のディーゼル乗用車は一九七五年時点の一社、一型式の生産から一九八〇年八月には五社、一二型式に増加、販売競争が激化した。その後、外国メーカー六社のディーゼル乗用車合わせて九型式も日本に輸入され、型式はさらに多様化した。

ディーゼル乗用車の普及を促進した要因は燃費やエンジンの耐久性のよさのほかに、もうひとつあった。それは排出ガス規制が非常に緩く、メーカーにとって公害対策費が安くて済むことである。ガソリン車の排出ガス規制は一キロ走行当たり窒素酸化物の排出量が〇・二五グラム以下と規定されているのに、ディーゼル車はガソリン車に比べると、はるかに緩く、同〇・七～一・一五グラム。ディーゼル乗用車の規制はディーゼルトラック、ディーゼルバスとの一括規制のため、緩い規制のまま放置されてきたのだ。

石油危機後の石油価格の高騰と不況の中、利用者側の中に車を買う際、燃費とエンジンの耐久性のよいディーゼル乗用車を選ぶ者が増え、一九七三年に約二八〇〇台にすぎなかったディーゼル乗用車の保有台数が一九七六年三月末には約五〇〇〇台、八一年三月末には約三三万六〇〇〇台、八七年三月末には約一五三万五〇〇〇台、一九九〇年三月末には約二五二万一〇〇〇台と急増の一途をたどった。

ディーゼル車のトラック、バス、乗用車の急増にともない、燃料の軽油消費量が著しく増えた。一九八五年年度から八八年度までの三年間のトラック走行による燃料消費量をみると、ガソリンが一三パーセント減少した半面、軽油は逆に一三パーセント増加した。

安い軽油がディーゼル車の急増の大きな原因になっているという批判が起こり、一九八九年六月、政府与党の自由民主党政務調査会環境部会の「窒素酸化物による大気汚染対策小委員会」が窒素酸化物対策の充実・強化を求める方策として、①ディーゼル車を中心とした自動車排出ガス規制の一層の強化、②排出ガスの少ない車両への代替促進、③自動車排出ガスの総量を削減する、④軽油脱硫装置の設置を促進するための税額を控除する——ことなどを提言した。これを受けた環境庁の要望により、軽油脱硫装置の設置促進のための税額控除などが実現した。

ディーゼル車の増加を抑制するため、大蔵省は九三年度の税制改正で、軽油引取税の税率を一挙に二倍近く引き上げる方針を決め、九二年七月、政府税制調査会に諮った。しかし同年十二月の税制改正では、七円八〇銭という極めて小幅な引き上げに留まった。その結果、引き上げの効果はほとんどなかった。

このころ東京、横浜・川崎、大阪などの大都市と、その周辺地域では、ディーゼルのトラックやバスなどが急増し、大気中の二酸化窒素濃度が増大、環境基準の達成率が年を追って低下した。このため環境庁は窒素酸化物の排出量がガソリン車に比べてはるかに多いディーゼル車をガソリン車に替えるよう促すことを目的とする「自動車窒素酸化物総量削減法案」（正式名称は「自動車から排出される窒素酸化物の特定地域における総量の削減に関する法律案」）を作成、国会に提出、同法案は一九九二年五月二十五日、制定され、翌九三年十二月、施行された。

しかし、この「総量削減法」は規制力が弱く、結局、「自動車窒素酸化物排出総量削減法」にもとづく窒素酸化物の削減対策では大きな削減成果を上げることができなかった（第六章の「遂に重い腰を上げた環境庁」の項を参照）。これまでの大気汚染物質測定データから、二酸化窒素の高濃度汚染地域はディーゼル微粒子汚染も激しいことが明らかになっている。このため同法による対策では、窒素酸化物だけでなく、呼吸器などに対し窒素酸化物以上に有害なディーゼル微粒子の削減も小幅だった。一九九三年十二月の同法施行から七年後の二〇〇〇年十一月現在、東京都、横浜、川崎両市、大阪市は依然、環境基準を上回る高濃度汚染が続いている。

軽油の価格がガソリン価格より低いと、どれだけ小型ディーゼル車が増えるのだろうか。岐阜大学工学部の研究室ではこんな観点からシュミレーションを行ない、小型のディーゼルトラックと小型のガソリントラックの関係を調べてみた。その結果、現在の価格差が今後も続いた場合、ディーゼルトラックはさらに増加の一途をたどり、二〇〇五年にはトラック総数の八五パーセント以上がディーゼル車になるが、軽油の価格をガソリンと同じにした場合、ディーゼル車は減少、軽油の価格をガソリンより二〇円高く設定すれば二〇〇五年にはディーゼル車はなくなるという結果が得られた。

環境汚染を防止するため「経済的手法」を用いると、効果的に防止できると言われる。「経済的手法」は大気汚染や水質汚濁を防止する際、規制対象となる施設・事業所の種類や業種ごとに排出基準を定め、排出される汚染物質の量や濃度をその基準以下に低減する「直接規制」のやり方と違って、排出削減に要する費用が少なくて済み、排出者によってその削減費が違わないようにすることができるというメリットがあるという。

しかしディーゼル車が増え、ディーゼル微粒子による環境汚染が増大したのは、皮肉なことに「経済的手法」のメリットが逆に働いたためであった。本来、ディーゼル車の増加を防ぐための「経済的手法」は軽油の価格を高くし、ガソリンの価格を低く設定することであるべきなのに、実際に取られてきた政策は、これとは逆に軽油の価格を安くし、ガソリンの価格を高く設定、その結果、ディーゼル車が飛躍的に増え続けてきた。

立ち遅れたディーゼル車公害対策

日本のディーゼル車排出ガス規制はなぜ立ち遅れ、ディーゼル微粒子汚染を深刻な事態にしたのか。主要な原因として、少なくとも三つを挙げることができる。

最大の要因は先に述べた軽油の価格をガソリンより安く設定し、ディーゼル車の増大を誘導してしまったこと。二つ目はディーゼル車に対する排出ガス規制着手が大幅に遅れ、日本のディーゼル微粒子の排出規制値そのものが欧米に比べてかなり緩い数値のまま留まっていたこと、しかも第一回規制実施以前に販売されたディーゼル車に対しては何らの規制措置も実施されなかったこと。三つ目はディーゼル微粒子の発生を増大させる軽油中の硫黄分の除去対策を実施してこなかったことである。

安い軽油が汚染の増大をもたらしたことはすでに述べた。ここでは二つ目について考察し、三つ目は次の項に譲る。

大気汚染関係の環境基準設定時期は①硫黄酸化物の環境基準（一九六九年二月）、②一酸化

炭素の環境基準（一九七〇年二月）、③浮遊粒子状物質の環境基準（一九七二年一月）、④窒素酸化物、光化学オキシダントの環境基準（一九七三年五月）――の順である。浮遊粒子状物質の環境基準は一九七二年一月、環境庁が中央公害対策審議会の答申にもとづいて設定し、告示した。しかし浮遊粒子状物質の規制が実施されたのは環境基準の設定から二十年も後の一九九三年度。規制に着手した時期があまりにも遅すぎ、このことが今日のひどいディーゼル微粒子公害に大きく影を落としている。

浮遊粒子状物質の環境基準が設定されてから二カ月後の一九七二年三月、大気汚染防止法に定めている自動車排出ガス中の大気汚染物質に浮遊粒子状物質が追加された。しかし環境基準をもとに大気中の浮遊粒子状物質濃度を低減するための規制はなかなか実施されなかった。

一九七三年の第一回自動車排出ガス規制ではガソリン車、ＬＰＧ車から排出される窒素酸化物、一酸化炭素、炭化水素の三物質を対象として実施された。

ディーゼル車に対する最初の排出ガス規制は、ガソリン車の最初の窒素酸化物規制から一年後に当たる一九七四年九月一日にディーゼル乗用車の窒素酸化物規制として実施された。規制対象物質はガソリン車と同じ三物質である。

ディーゼルエンジンはガソリンエンジンに比べて過剰な空気の中で燃焼させるところに

特徴がある。このためガソリン車の窒素酸化物削減の切り札となった「三元触媒」が使えない。「三元触媒」はガソリン車の場合、排出ガス中に含まれている窒素酸化物を、一緒に含まれている炭化水素や一酸化炭素によって無害な窒素に還元させることができる。しかしディーゼルエンジンの場合、吸い込む酸素が多いため排出ガス中の炭化水素、一酸化炭素が酸素と反応してしまうため、排出ガスの燃焼を制御したり、逆に再燃焼させるなどの後処理によって窒素酸化物の排出量を削減するのは難しい。

ディーゼル車の排出ガス規制では「三元触媒」が使えないだけでなく、もう一つの大気汚染物質である煤、すなわちディーゼル微粒子が発生する。そこで窒素酸化物の発生量を減らすため、燃料の軽油を噴射するタイミングを遅らせて、軽油が燃える時間を短くする方法が取られている。燃える時間の短縮によって排出ガスの発生量自体を減らし、窒素酸化物の発生量も低減する方法である。しかしこの方法では、不完全燃焼よって煤が二〇パーセント多く発生する。逆に煤の発生を減らせば、窒素酸化物の排出量が増加するという厄介な問題を抱えている。ディーゼル車の窒素酸化物削減にはこうした特有の事情があり、このことが排出ガス規制のネックとされていた。

ディーゼル乗用車に対する排出ガス規制は一九七四年九月の後、一九七七年九月、七九年四月、八二年一月と三回にわたって実施された。四回の規制の低減率はそれぞれ二〇パーセント、一二パーセント、八パーセント、八パーセントと低く、四回の低減率を合わせても、未規制時の一九七四年九月以前と比べて四八パーセントの削減にしかならない。

「低減の余地がまだある」という声が高まり、環境庁は自動車排出ガスの第二段階規制を実施することにした。一九八四年五月、専門家からなる検討会の提言を受けてディーゼル乗用車に対する第五回窒素酸化物規制が実施され、現行規制と比べて窒素酸化物と一酸化炭素は各三〇パーセント、炭化水素は五〇パーセント低減された。さらに一九八五年九月、自動変速機付きのディーゼル乗用車の窒素酸化物規制が行なわれ、第五回乗用車窒素酸化物と同率の低減をした。

ディーゼル車に対する窒素酸化物排出規制は図4のとおり進められてきた。

第二段階規制が終わった一九八五年の時点で、未規制時と比べたディーゼル車の窒素酸化物削減率をガソリン車と比べてみよう。ガソリン車のトラック、バスのうち、車両総重量一・七トン以下の軽量車の削減率は八一パーセント、同一・七トン超〜二・五トン以下の中量車、同二・五トン超の重量車、軽貨物車の三車種はいずれも七一パーセント。これに対し副室式ディーゼルトラック、バスは四八パーセント、直接噴射式ディーゼルトラック、バスは五一パーセントで、ディーゼル車の窒素酸化物規制の方がガソリン車の規制より相当に緩い削減率に留まっていた。

図4　自動車排出ガス規制の効果の推移

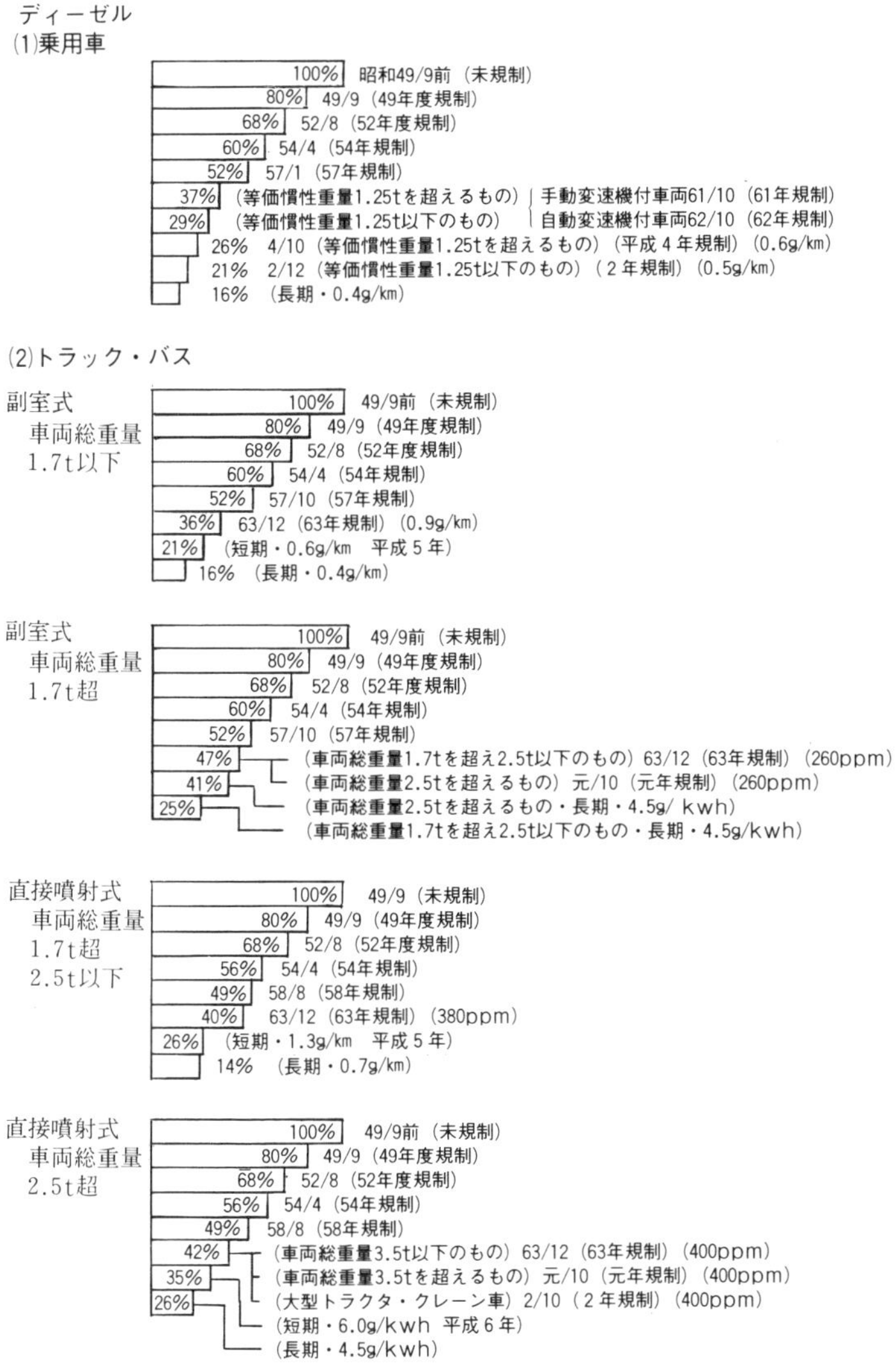
ディーゼル
(1)乗用車
100%　昭和49/9前（未規制）
80%　49/9（49年度規制）
68%　52/8（52年度規制）
60%　54/4（54年規制）
52%　57/1（57年規制）
37%　（等価慣性重量1.25tを超えるもの）　手動変速機付車両61/10（61年規制）
29%　（等価慣性重量1.25t以下のもの）　自動変速機付車両62/10（62年規制）
26%　4/10（等価慣性重量1.25tを超えるもの）（平成４年規制）（0.6g/km）
21%　2/12（等価慣性重量1.25t以下のもの）（２年規制）（0.5g/km）
16%　（長期・0.4g/km）
(2)トラック・バス
副室式
車両総重量
1.7t以下
100%　49/9前（未規制）
80%　49/9（49年度規制）
68%　52/8（52年度規制）
60%　54/4（54年規制）
52%　57/10（57年規制）
36%　63/12（63年規制）（0.9g/km）
21%　（短期・0.6g/km　平成５年）
16%　（長期・0.4g/km）
副室式
車両総重量
1.7t超
100%　49/9前（未規制）
80%　49/9（49年度規制）
68%　52/8（52年度規制）
60%　54/4（54年規制）
52%　57/10（57年規制）
47%
41%
25%
（車両総重量1.7tを超え2.5t以下のもの）63/12（63年規制）（260ppm）
（車両総重量2.5tを超えるもの）元/10（元年規制）（260ppm）
（車両総重量2.5tを超えるもの・長期・4.5g/ kwh）
（車両総重量1.7tを超え2.5t以下のもの・長期・4.5g/kwh）
直接噴射式
車両総重量
1.7t超
2.5t以下
100%　49/9（未規制）
80%　49/9（49年度規制）
68%　52/8（52年度規制）
56%　54/4（54年規制）
49%　58/8（58年規制）
40%　63/12（63年規制）（380ppm）
26%　（短期・1.3g/km　平成５年）
14%　（長期・0.7g/km）
直接噴射式
車両総重量
2.5t超
100%　49/9前（未規制）
80%　49/9（49年度規制）
68%　52/8（52年度規制）
56%　54/4（54年規制）
49%　58/8（58年規制）
42%
35%
26%
（車両総重量3.5t以下のもの）63/12（63年規制）（400ppm）
（車両総重量3.5tを超えるもの）元/10（元年規制）（400ppm）
（大型トラクタ・クレーン車）2/10（２年規制）（400ppm）
（短期・6.0g/kwh 平成６年）
（長期・4.5g/kwh）

出所）環境庁

環境庁は一九七八年七月、二酸化窒素の環境基準を緩和した際、「基準は緩和しても、工場の排出する窒素酸化物の総量規制などによって、一九八五年四月までに基準値を達成する」と約束をしていたが、ガソリン車と比べてはるかに多量の窒素酸化物を排出するディーゼル車が果てしなく増加したこと、ディーゼル車の窒素酸化物規制が効果的に進まなかったことなどから、基準達成の約束は守れなかった。このため環境庁は一九八五年十一月、中央公害対策審議会に対して自動車排出ガス低減対策のあり方について諮問、同審議会は一九八六年七月、①車両総重量が二・五トンを超える直接噴射式の大型トラック、バスの排出ガスに含まれる窒素酸化物濃度を現行より約一五パーセント削減すること、②中量ディーゼルトラックのうち、直接噴射式は一九パーセント、副室式は一〇パーセント、それぞれカットする、③ディーゼル車のライトバン、軽量トラックの窒素酸化物排出量を約三〇パーセント削減すること——などを中間答申した。同庁はこれを受けて八八年十二月から九〇年十月にかけて規制を実施した。

しかしディーゼル車を中心に自動車保有台数は年に百数十万台から二〇〇万台ずつ増えつづけた。窒素酸化物の規制を実施しても、新規制車が全部入れ替わるまでには平均八〜十年かかり、規制による効果のかなりの部分が自動車の増加によって相殺され、その結果、大気中の窒素酸化物濃度は一向に改善が進まないという状態が続いた。

こうして全国の一般環境大気測定局のうち二酸化窒素の環境基準を上回る高濃度を記録した地点は一九八八年度が前年度より一・九ポイント増、八九年度が四・八ポイント増、九〇年度が同六・四ポイント増と急速に悪化傾向をたどり、環境基準を上回る新たな高濃度汚染地が埼玉、千葉、愛知、福岡、北海道、栃木、群馬、静岡、京都、兵庫、広島の一一道府県に広がった。

環境庁は窒素酸化物の高濃度汚染地域である東京、神奈川、大坂の三大都市地域を対象に自動車の排出する窒素酸化物の総量規制を実施する方針を固め「窒素酸化物自動車排出総量抑制検討会」を設けて規制のあり方を検討した。一九九一年十月、最終報告がまとまると、同庁はこれをもとに総量規制実施のための法案づくりに取り組み一九九二年三月、「自動車窒素酸化物排出総量削減法案」が閣議決定を得て国会に提出され、五月、可決成立した。

この法律制定の目的は環境基準が達成されていない大都市地域、具体的には東京、神奈川、埼玉、千葉、大阪、兵庫の六都府県の各高濃度汚染地域を「特定地域」として指定し、必要な窒素酸化物排出量削減対策を総合的に実施することにある。この法律にもとづき、国、地方自治体は窒素酸化物の排出総量を削減する基本方針や削減計画を決め、窒素酸化物を多量に排出する特定の種類の自動車の使用を規制したり、低公害車の普及を指導したりすることが定められている。

この施策による窒素酸化物削減効果はどうだったか。環境庁の発表によると、六都府県の一九九〇年度から二〇〇〇年度までの自動車窒素酸化物削減実績は削減目標量の四〜六割に当たる七〇九〇〜一万六〇〇〇トンで、千葉県以外は削減目標を達成できなかった。埼玉県の場合、一九九七年度の自動車窒素酸化物排出量は基準年である一九九〇年の排出量さえ上回った。また唯一、一九九七年度末で削減目標を達成した千葉県でも、環境濃度や環境基準達成率は改善が進んでいない。こうして二〇〇〇年度に環境基準を達成するという公約は守られなかった。

環境庁設置以来、同庁は硫黄酸化物、窒素酸化物、一酸化炭素、炭化水素など多くの大気汚染物質の排出規制を実施してきた。その結果、硫黄酸化物や一酸化炭素など克服することができたものも少なくない。しかし現在もなお低減できず、大都市地域を中心に環境基準の達成がおぼつかない大気汚染物質が、浮遊粒子状物質と窒素酸化物の二つである。

窒素酸化物は対策に力を入れても、なお削減できないのだが、浮遊粒子状物質はこれとは対照的に、環境基準設定後二十二年間、排出規制が実施されなかった。このため浮遊粒子状物質の大半を占め、人々の呼吸器などに深刻な悪影響を与えているといわれているディーゼル微粒子濃度の高い状態が長い間続き、人々の健康に悪影響を与え続けてきた。

図5　全国のディーゼル貨物車の7割は粒子状物質の未規制車（1999年末）

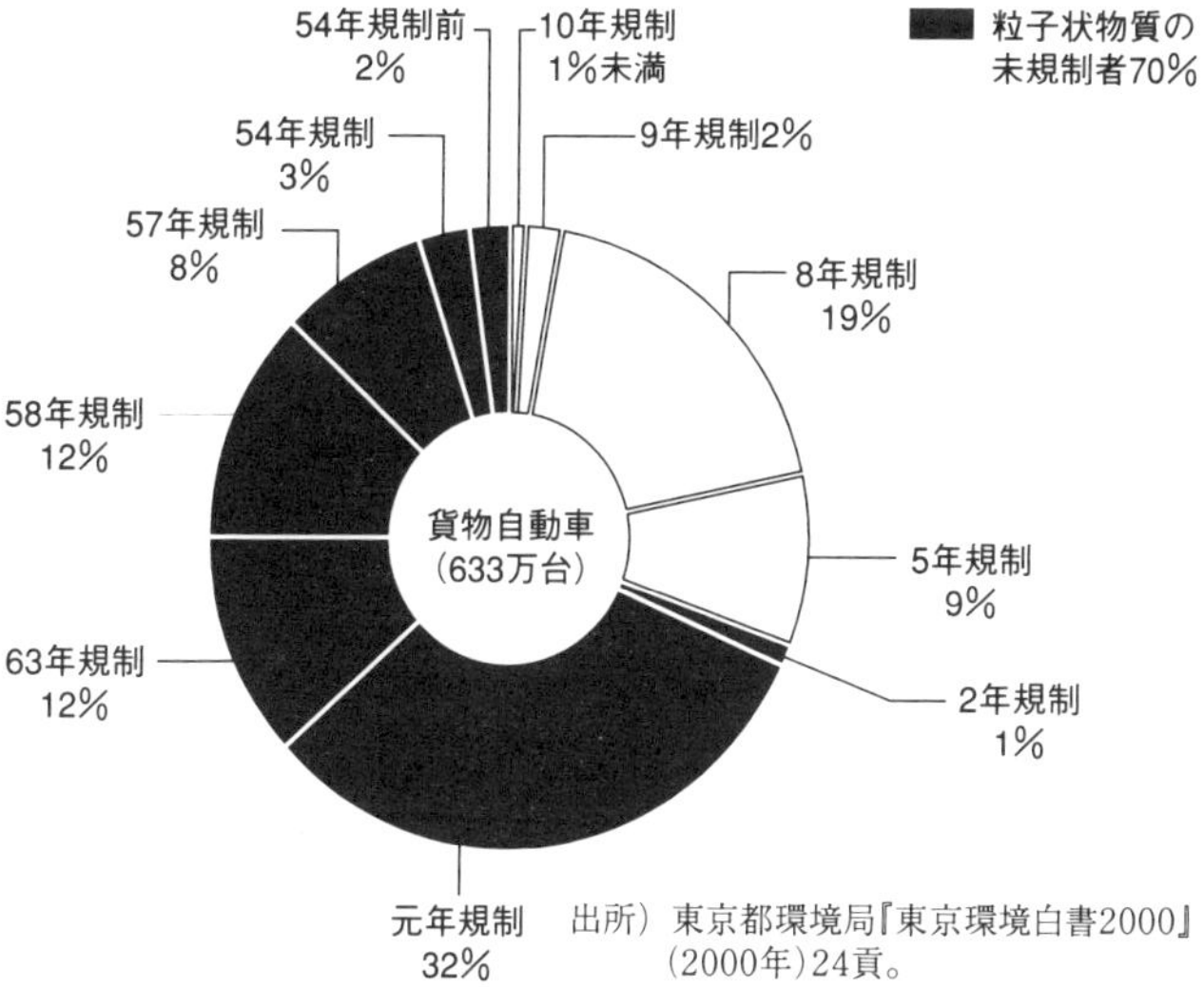

出所）東京都環境局『東京環境白書2000』（2000年）24頁。

窒素酸化物は呼吸器に悪影響を与える有害物質だが、呼吸器により深刻な影響を与える恐れのあるのがディーゼル微粒子。この観点からすれば、日本の大気汚染防止行政は窒素酸化物対策に偏重し、より危険なディーゼル微粒子の発生防止対策を軽視しすぎた。

ディーゼル微粒子に対する規制が実施されたのはディーゼル車の窒素酸化物に対する規制着手から実に二十一年後の一九九三年である。しかし、やっと着手されたディーゼル車排出ガス規制は販売時、新車にだけ適用され、使用中のディーゼル車に対する規制は一度も実施されなかった。一九九四年以前に販売されたディーゼル車に対しては、二〇〇〇年十月まで、一度もチェックされず、今もディーゼル微粒子の排出規制が適用されないままの車が走行している。

このため図5に示されているとおり、全国のディーゼル貨物車の七割が浮遊粒子状物質の未規制車という状態になっている。

初めてのディーゼル車排出ガス規制では、大型トラックなど総重量三トン程度以上の重量車に対し、一キロ走行当たりの浮遊粒子状物質排出量「〇・七グラム以下」という排出規制値（長期規制）が適用され、三年後の一九九七年に「〇・二五グラム以下」に強化された。東京都環境保全局の調べによると、「〇・二五グラム以下」という日本の排出規制値は欧州の規制値（ユーロ規制）の〇・一〇グラムと比べて二・五倍、米国の〇・一三四グラムと比較して二倍近く緩い。日本の規制は浮遊粒子状物質の環境基準設定以来、二十年間、実施されなかったばかりか、欧米の規制値と比べて相当に緩い規制値が適用されたのである。

図6は浮遊粒子状物質の濃度が一九七〇年代の半ば以降四半世紀もの間、一向に改善されてこなかったことを、図7は浮遊粒子状物質の環境基準達成率が遅々として上がらなかったことを示している。

もっと早い時期から抜本的なディーゼル車対策を実施すべきではなかったか。

図6　浮遊粒子状物質の年平均値の推移（自動車排出ガス測定局）

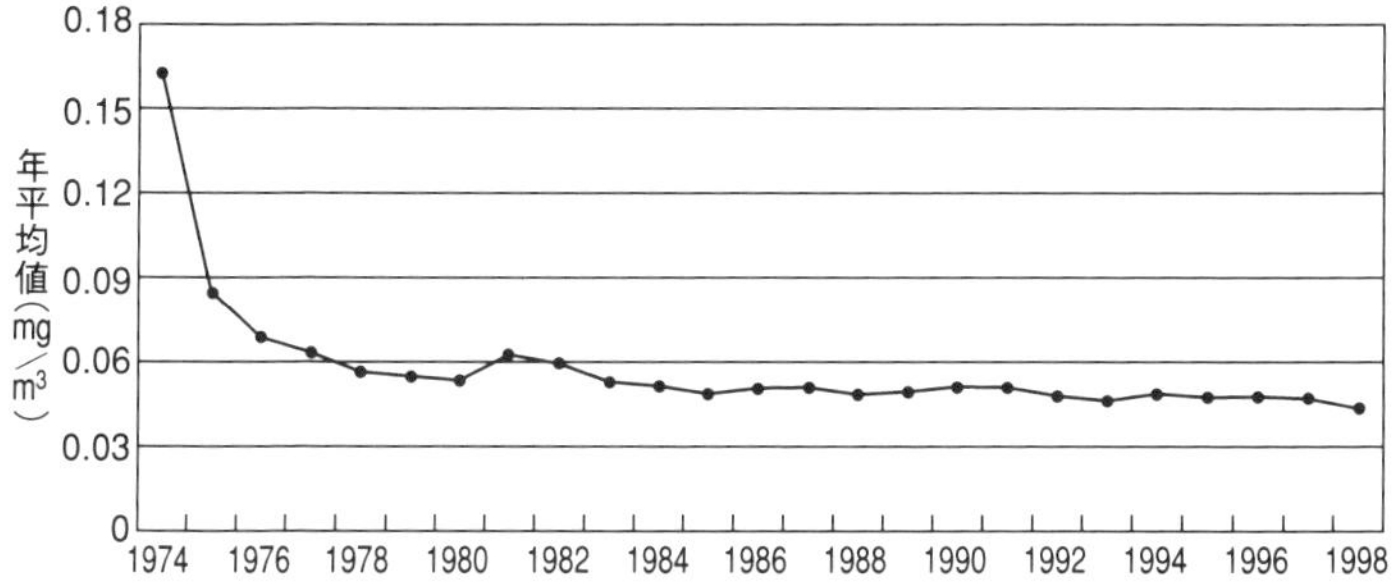

出所）中央環境審議会大気部会自動車排出ガス専門委員会『今後の自動車排出ガス低減対策のあり方について（第四次報告）』参考資料5頁。

図7　浮遊粒子状物質の環境基準達成状況の推移（自動車排出ガスの測定による）

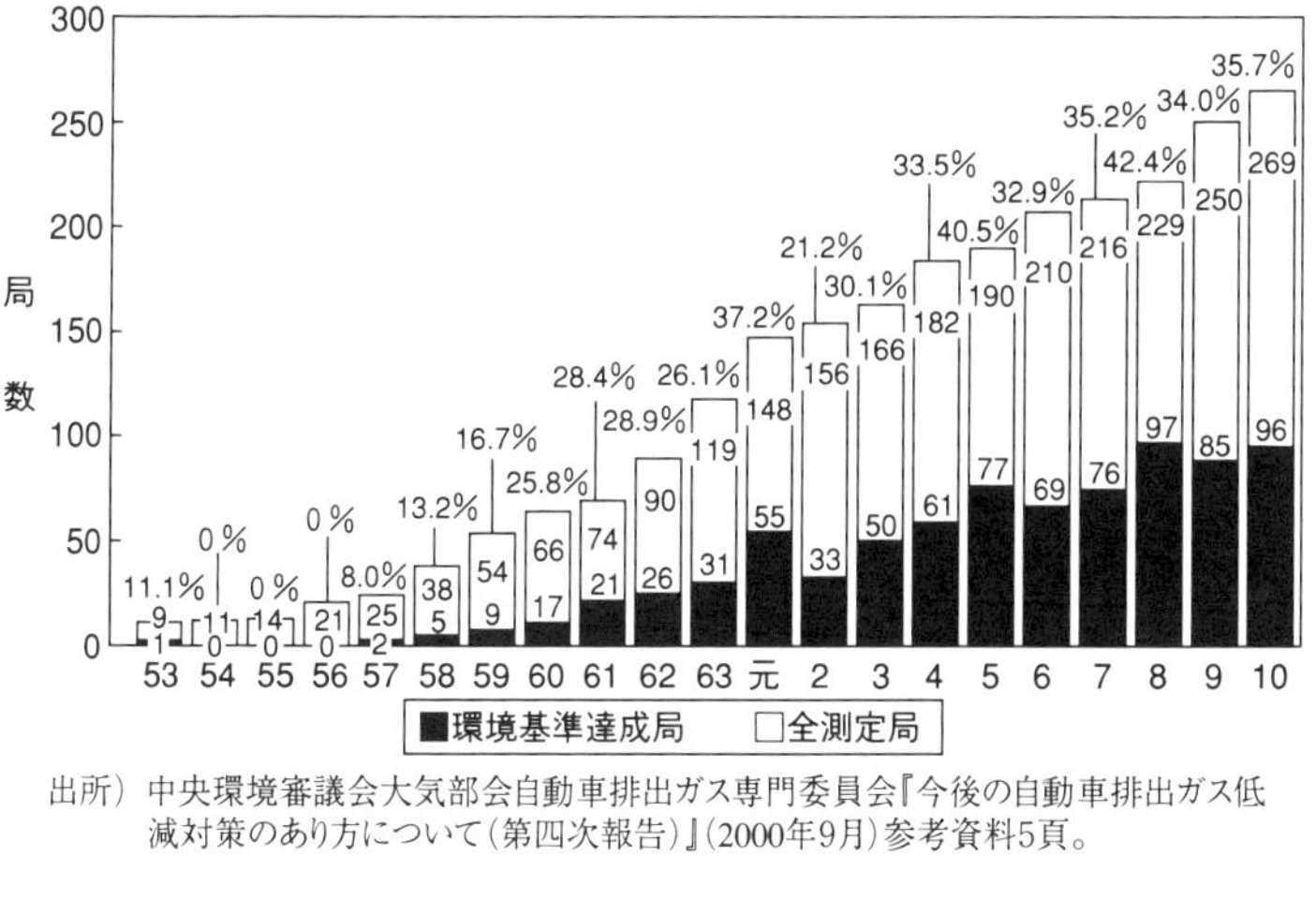

出所）中央環境審議会大気部会自動車排出ガス専門委員会『今後の自動車排出ガス低減対策のあり方について（第四次報告）』（2000年9月）参考資料5頁。

遅かった硫黄分低減・フィルター装着

ディーゼル車の燃料である軽油中には硫黄分がかなり含まれている。この硫黄分は原油に含まれているもので、ディーゼル・エンジンの排出ガスの中で、あるいは排出後の大気中で、硫酸塩の生成が関わってディーゼル微粒子の発生を促す作用をする。したがって軽油中の硫黄分を減らせば減らすほど、ディーゼル微粒子の排出量が低減される。硫黄分というのは硫黄化合物のこと。軽油中に含まれている代表的な硫黄化合物はベンゾチオフェン、ジベンゾチオフェン、4、6—ジメチルジベンゾチオフェン（チオフェンは硫化物のこと）の三種類である。これに対しガソリン中の硫黄分は軽油に比べて、はるかに少ない。

硫黄分の除去によって、ディーゼル微粒子をどれだけ減らせるかについては、米国連邦エネルギー省が民間企業と共同でまとめた調査報告書によると、軽油中の硫黄分の濃度を五〇〇ｐｐｍから十分の一の五〇ｐｐｍへ低減した場合、微粒子の発生量は一〇パーセント低減される。また日本のディーゼル一三モードの場合、軽油中の硫黄分を四〇〇ｐｐｍから二ｐｐｍに低減すると、微粒子が半減されることも実験の結果、分かったという。

このため軽油中の硫黄分除去は世界的に見ても、ディーゼル微粒子公害を防ぐために欠かせない対策になっている。『東京都環境白書二〇〇〇』（東京都環境局）によると、最も早く硫黄分の低減に着手したのは北欧。北欧では一九九〇年代の初めから硫黄分を低くした軽油を「シティー軽油」と名づけて、導入に力を入れた。欧米の都市や地域の中には低硫黄化した軽油を使っているところがいくつもある。

いっぽう米国では一九九三年十月、軽油中の硫黄分を五〇〇ｐｐｍ以下にするよう定められたが、実際には平均三四〇ｐｐｍ程度の軽油が売られている。軽油中の硫黄分低減には石油会社が協力している。米国の代表的な石油会社の一つ、「アルコ社」（ＡＲＣＯ）は一九九九年十二月、大気汚染の深刻な南カリフォルニアで硫黄分が一五〇ｐｐｍという極めて低いレベルの軽油供給を決めた。

欧州では大手石油会社の「ビーピー・アモコ社」（ＢＰＡＭＯＣＯ）が低硫黄軽油を「ＢＰディーゼル・エコロジー」と名づけ、一九九九年九月から従来の硫黄分の多い軽油と同額でパリ都市圏を対象に販売し始めた。欧州連合（ＥＵ）は九六年十月から軽油に含まれる硫黄分を五〇〇ｐｐｍ以下に低減する対策を実施しており、二〇〇五年には五〇ｐｐｍにまで減らす予定である。

日本の現在の軽油中の硫黄分は法的に五〇〇ｐｐｍ。実際に販売されている軽油の平均は三五〇ｐｐｍ程度とみられているが、日本の軽油の低硫黄化への取り組みは欧米と比べて遅れている。原因は日本の輸入する原油の方が、欧米の輸入する原油よりも成分中の硫黄分が多いこと、および低硫黄の灯油の需要が大きいことなどから、軽油の硫黄分を低減するコストが欧米より高くなるためだといわれている。欧州と日本の軽油の中には低減の困難な物質であるベンゾチオフェン類が同程度含まれているが、日本の軽油にはベンゾチオフェン類のうち4、6―ジメチルジベンゾチオフェンの割合が欧州の軽油と比べて非常に高い。このため燃料によって発生するガス中に、呼吸器に有害な物質がより多く含まれている。

一九九八年十二月十四日、中央環境審議会・大気部会がまとめた「今後の自動車排出ガス低減対策のあり方」に関する第三次答申の中で、軽油中の硫黄分と芳香族炭化水素を燃料品質に影響を与える物質とし、二〇〇二年度末を目途に含有量をそれぞれ低減するための「燃料品質規制」を実施する方針を明らかにした。燃料品質と排出ガス規制との関係については、日本自動車工業会と石油連盟が二〇〇一年末完了を目途に共同で「大気改善のための自動車・燃料等の技術開発プログラム」に取り組んでいる。大気部会はその成果を踏まえて「燃料品質規制」の具体的な目標値と規制実施時期を決定する考えだ。

軽油中の硫黄分の低減と並んで、ディーゼル微粒子汚染防止に効果のある対策として、広く知られているのが、ディーゼル微粒子除去装置（DPF。図8）である。これはディー

図8　代表的なディーゼル微粒子浄化(再生)装置(DPF)

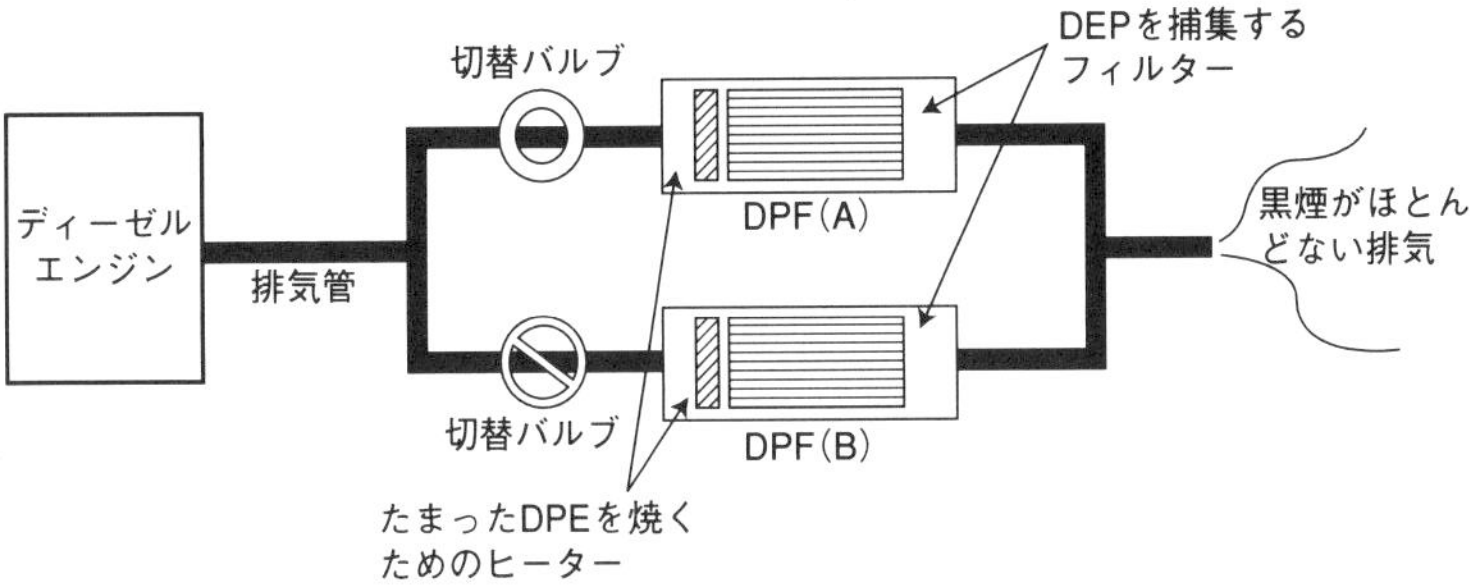

注) ディーゼル微粒子をフィルターで捕集し、たまった微粒子を600度以上の高温で焼いて浄化する。図のAが浄化(再生)中のときにはBで捕集する。

出所) 環境庁大気保全局資料。

ゼルエンジンの排気管の一部に装着されるフィルター装置で、ディーゼル微粒子をこし取るフィルターと、フィルターの目詰まりを防ぐための再生装置からなっている。除去装置には外部から熱を与えて再生する方式や触媒を用いて微粒子の燃焼温度を下げたうえで焼却する方式などがある。目詰まりした粒子状物質を焼却することによってフィルターを再生する方式の除去装置の技術開発・製品化が進められている。これが実用化されれば、ディーゼル微粒子の大気汚染防止にかなりの効果が期待できる。

現在、研究されているものには①蜂の巣のような穴のあいた円筒形の固形フィルター、②金属繊維やセラミック繊維布状にしたフィルターの二種類ある。固形フィルターはセラミックでつくられていて、排出ガスは片側から蜂の穴に入り、その壁を通過して反対側に抜けるが、微粒子はセラミックの壁を通過できずにこし取られる仕組み。もう一つの繊維式フィルターは排出ガスに繊維を通過させ、引っかかった微粒子を除去する方式である。

目詰まりが生じたときの対策は二つ。一つはフィルターを二個使い、一つが目詰まりしたらすぐもう一つに切り替えると同時に、目詰まりした方のフィルターを熱して煤を燃やしてしまう方法。もう一つはエンジンの燃焼を調整し、排出ガスの熱で煤を焼き尽くす方法である。

日本では後述するように、東京都がフィルターの装着対策を実施する方針を打ち出したが、環境、運輸、通産の三省庁の検討会が七月二十八日、「全面的な装着の義務付けは適当ではない」とする意見をまとめ、東京都が見直した結果、義務付けの見送りを決めた。

しかし欧州では二〇〇五年から「ユーロ4規制」が実施される。この規制(注)をクリアするためには微粒子除去装置を装着しなければならない。そこで欧州の自動車メーカーは除去装置を装着した自動車を販売している。英国では、この「ユーロ4規制」を前倒しで達成するバスと貨物自動車に対しては、毎年の自動車税のうち一〇〇〇ポンド(一七万四〇〇〇円)を還付するという方法で、除去装置の普及を図っている。

スウェーデンの首都ストックホルムなど三都市では、大気汚染のひどい市中心部に設けている「環境ゾーン」に使用年数九～十五年のトラックの進入を認める条件に、「微粒子を八〇パーセント以上、削減できる除去装置を取り付けていること」を定めている。その結果、条件設定以来三年間に推計約三〇〇〇台のトラックが除去装置を取り付けた。また台湾では大型ディーゼル車の黒煙、ディーゼル微粒子を減らすため除去装置の取り付けに補助金を支給し、普及を図っている。

日本はもっと早い時期にディーゼル微粒子の除去装置の装着を目標に掲げ、ディーゼル車メーカーに技術開発を促していれば、今頃は優れた性能を持つ装置が開発されていたかもしれない。取り組みの遅れが装着見送りにつながったのは残念である。

深刻なフィリピンのディーゼル車公害

ディーゼル車排出ガスによる大気汚染の深刻な国は少なくない。ここでは、ディーゼル微粒子公害とごみ焼却によるダイオキシン公害から人びとの健康を守るために、「大気清浄法」を制定して各種規制に取り組んでいるフィリピンの事例を、現地調査の結果をもとに報告する。

フィリピンでは今、人口が急増している。鉄道がほとんどないこの国では、人口増加が直接自動車交通量の増加につながる。汚染に拍車をかけているのが、公害防止設備のない工場・事業所の増加と、これによる排煙および性能の悪いごみ焼却炉によるダイオキシン類などの有害物質の排出である。つまりフィリピンの大気汚染の主要な発生源は自動車と工場で、アジア開発銀行の調査によると、フィリピン全土が大気汚染の要警戒レベルに達している。

自動車による大気汚染が深刻な事態になっている主な原因は、軽油を使うディーゼル車が多いうえに、排出ガス規制がほとんど実施されていないことである。アジア開発銀行の調査結果によると、マニラ首都圏の自動車保有台数三二〇万台のうち約四〇パーセント、一二八万台がディーゼル車。マニラ首都圏を始めアジアの諸都市では、軽油やガソリン中に含まれる硫黄分と硫黄酸化物の濃度が、ラテン・アメリカやアフリカと比べて、五〇パーセントも高いという。その結果、多くの古いバス、トラック、「ジープニー」と呼ばれるミニバス、そのほかの欠陥車などが、絶え間なく多量の黒煙を排出しながら走行、フィリピンのほとんど全土にわたって深刻なディーゼル排出ガス公害が起こっている。

排出ガス規制は古い車にまで行き渡っておらず、古いバス、トラック、小型簡易バス（ミニバス）などは黒煙を多量に排出しながら走行している。このため幹線道路の汚染濃度は高い。とくに交差点では、信号待ちの車が発進する際、排出される黒煙が舞い上がり、鼻を

フィリピンの古いミニバス排煙筒（後部右端）から排出されるディーゼル微粒子。交差点で信号待ちしているバスやトラックが走り出す時はディーゼル黒煙がもうもうと舞い上がる＝マニラ市で2000年7月12日、筆者写す。

手のひらで覆う姿が見られる。

とりわけ汚染の著しいのがマニラ首都圏である。マニラ首都圏の自動車走行台数は一日一〇〇万台を超えており、これらの車から出る有毒ガスの量はフィリピン全土の車から排出される有毒ガス全体の約半分に相当する。マニラ首都圏の大気汚染は大気汚染のひどい世界の巨大都市のうち、上から一一番目に位置しているとみられている。もちろん朝夕はひどい交通渋滞が起こっている。

またマニラ首都圏には全国に約二〇〇〇ある認可された工業会社のうち六五パーセントが集中、そのうち大気と水質のいずれも最小限の排出規制基準をクリアしている会社は約半分しかない。

ディーゼル自動車と工場の排出する浮遊粒子状物質と窒素酸化物の大気中の濃度をみると、マニラ首都圏は明らかに許容限度を超えている。環境・自然資源部が一九九九年にマニラ首都圏の主要な道路一〇路線について測定した浮遊粒子状物質濃度の年平均値はWHOのガイドライン二三〇マイクログラムすれすれだった。

一般に高い濃度は十月から十二月までに起こる。年平均値はWHOのガイドラインすれすれだが、最大値は同年十一月のケソン通りの六九九マイクログラム、二番目は十二月の同じ通りの五九〇マイクログラム、三番目は十月のアラネタ通りの五二八マイクログラムだった。ケソン通りの最大値六九九マイクログラムはWHOのガイドラインの三倍も高い濃度である。ルソン島やミンダナオ島などでも相当に高い。

フィリピンの大気汚染はごみ焼却によるダイオキシン類をはじめ水銀、鉛、カドミウムなどの重金属、発がん性が指摘されているベンツピレンなどの多環式芳香族炭化水素、クロロベンゼン、クロロフェノール類、ヘキサクロロベンゼンなどの塩素化合物、ディーゼル車から排出される多くの発がん性物質、鉛、二酸化窒素、二酸化硫黄などである。このような汚染物質が大気中に高い濃度で存在していれば、抵抗力のない子どもや老人に深刻な健康被害をもたらすのは当然である。フィリピン全土では大気汚染が直接の原因で死亡した人は年間約一万八〇〇〇人、間接的な原因を含めると、八万人近い数にのぼるという調査結果もある。

マニラ首都圏のディーゼル微粒子公害の問題では、環境・自然資源省と市民の連携によって、ディーゼル車の黒煙排出ガスを規制するキャンペーンが実施され、これがグレゴリオ・オナサン上院議員による「大気浄化法案」の国会提出につながった。これに対し、規制内容を異にする対抗案が上院に提出され、一本化された法案が大気汚染の悪化を阻むための抜本策と考えられ、上院と下院で可決された。この法案の主な内容は次のとおりである。

(1)　家庭ごみを焼く焼却炉、医療廃棄物を焼却する焼却炉、有害ごみを燃やす焼却炉の建設と焼却を禁止する。ただし伝統的に家庭ごみを焼却してきた地域、火葬場、農業用焼却は除外する。

(2)　鉛など汚染物質、添加物を含む燃料については、早急に基準を設定する。

(3)　二〇〇〇年までに鉛を含有するガソリンをなくし、二〇〇三年までにベンゼン中の有機塩素化合物汚染を低減する。

(4)　自動車と工場で使用されている軽油に含まれている硫黄を低減する。軽油やガソリンに含まれる硫黄やベンゼンなどの有機塩素化合物、鉛の低減・除去を義務付けられると、石油会社にとって大きな負担になる。たとえばフィリピンの三大石油会社といわれるペトロン社、フィリピン・シエル社、カルテックス・フィリピン社が、同法によって定められた新しい規制基準に対応するために要する費用は、少なくとも六〇億ペソ（一億五八〇〇万円）と試算された。このため、これらの石油会社はジョセフ・エストラーダ大統領による同法案への署名に反対し、活発なロビー活動を行なった。

その結果、上下両院協議委員会が法案中の条項について合意せず、大統領の承認（署名）が遅れた。同委員会の合意が得られない限り、大統領の承認が得られない。これに対し「法律の制定が遅れれば、多くのフィリピン国民、とりわけマニラ首都圏に住む人々の健康に取り返しのつかない被害が生じる」として、承認を急ぐよう求める世論が次第に高まっていった。

一九九九年六月二十三日、エストラーダ大統領は国民の健康を守るためには「大気清浄法」の制定が必要であると考え、同法案に署名、この法律が即日、発効した。これにより二〇〇三年六月からごみ焼却が禁止されるほか、自動車と工場で使用されている軽油に含まれている硫黄分の低減、ガソリンからのベンゼンなどの有機塩素化合物と鉛の除去などが解決すべき当面の課題となり、対策が進められている。

世界保健機構（WHO）と「国連環境計画」（UNEP）が一九九一年にまとめた世界の大

表1　世界20大都市の浮遊粒子状物質による大気汚染

WHOのガイドラインを2倍以上、超えている都市（深刻な汚染）	バンコク、北京、ボンベイ、カイロ、カルカッタ、デリー、ジャカルタ、カラチ、マニラ、メキシコ、ソウル、上海
同ガイドラインを超えるが、2倍以内の都市（中～高度の汚染）	ブエノスアイレス、ロサンゼルス、モスクワ、リオデジャネイロ、サンパウロ
通常は同ガイドラインを満たしている都市（低い汚染）	ロンドン、ニューヨーク、東京

出所）世界保健機関（WHO）および国連環境計画（UNEP）の調査報告書、1991～92年

都市二〇の浮遊粒子状物質による大気汚染調査の結果によると、WHOのガイドラインを二倍以上超えている深刻な汚染状況の都市は表1に示したとおりバンコク、北京などの一二都市、ガイドラインを二倍以内で超える中～高度の汚染状況の都市はブエノスアイレス、ロサンゼルスなどの五都市、通常ガイドラインに適合している汚染の低い都市はロンドン、ニューヨーク、東京の三都市である。

ディーゼル車には燃料効率のよさと馬力が出るという二つのメリットがある。日本ではこれに加えて燃料の軽油価格をガソリンより安く設定した。その結果、石油危機以降のガソリン価格の高騰する中、ディーゼル車が急増した。このため軽油の価格は一度値上げされたが、それでも二〇〇〇年十一月一日現在、軽油にかかる軽油引取税（都道府県税）はガソリンに比べて一リットル当たり二一円も安い。これでは国が優遇税制という経済的手法によってディーゼル車の増加を誘導しているようなものである。石油危機から数えても、すでに十七年間もこんな事態が続いている。公

害車を増やすような税制を長い間放置し、しかもディーゼル微粒子公害を防止する有効な対策を何ら実施してこなかったわが国の環境行政は今、反省を迫られている。

〔注〕

欧州連合（EU）の総重量三・五トンを超える車量に対する規制をみると、一七五頁の図11に示したとおり、二〇〇〇年十月から適用された「ユーロ3規制」では、〇・一グラムだが、二〇〇五年からの「ユーロ4規制」は〇・〇二グラムと一挙に五倍強化することになっている。二〇〇〇年時点で日本の規制値と比べると、欧州の規制値は日本の規制値より二・五倍も厳しい数値である。

いっぽう米国の規制値は総重量が三・八五トンを越える車両の場合、二〇〇七年までは〇・一三四グラム（換算値）で、日本の一・九倍で、二〇〇六年からは、その約八倍厳しい規制値に改められる予定である。

第四章　大気汚染公害訴訟の動向

差し止め請求を認めた尼崎訴訟判決

二〇〇〇年一月三十一日、国のディーゼル微粒子公害対策のあり方を厳しく指弾、一定限度以上の浮遊粒子状物質の排出差し止めを命じる画期的な判決が神戸地裁であった。この判決の影響は大きく、立ち遅れていたわが国のディーゼル微粒子公害対策を前へ推し進めさせる一つの要因になったのである。

この裁判は一九八八年十二月、兵庫県尼崎市に住むぜん息などの公害病認定患者と遺族四八三人が「自動車排出ガスと工場排煙の複合汚染により健康被害を受けた」として、阪神工業地帯の関西電力など企業九社および道路を設置・管理する国と阪神高速道路公団に対し、一定濃度レベルを超える浮遊粒子状物質の排出差し止めと九二億五八〇〇万円（原告一人当たり一五〇〇万〜三〇〇〇万円）の損害賠償を求めて提訴したものである。一九九五年に一五人の原告が二次訴訟を提起した。

一九九九年二月、被告企業九社が解決金二四億円を原告側に支払って和解が成立。この後、自動車排出ガス公害をめぐる国と公団の責任に焦点を絞って訴訟が続けられた。死亡などによる訴訟辞退があり、二〇〇〇年一月の判決時点の原告数は三七九人となった。

判決は、ディーゼル微粒子による大気汚染と公害病の指定疾病（気管支ぜん息、ぜんそく性気管支炎、慢性気管支炎、肺気腫）との因果関係について、「幹線道路沿道地区の危険の増大は、自動車由来の粒子状物質による影響であると説明すべきであり、その中でも、実験的知見から生体への悪影響及びI型アレルギー反応を促進することが示されたディーゼル排気微粒子の関与が最も疑わしい」との判断を示した。

判決はそのうえで国と公団に賠償金二億一二〇〇万円の支払いを命じるとともに、千葉大学医学部公衆衛生学教室が千葉県の委託で一九九二〜九五年度に県内一一小学校児童を対象に行なった調査結果の中の「千葉県都市部の幹線道路の沿道地区に居住する児童は、幹線道路がない田園部に居住する児童と比較しておおむね四倍の確率で、気管支ぜん息を発症する危険があるとの解析結果が得られている」という知見を国道四三号の沿道にあてはめ、次のことを根拠に一日平均一立方メートル当たり〇・一五ミリグラムを超える浮遊粒子状物質の排出差し止めを命じた。

(1)　国道四三号沿道の少なくとも五〇メートル以内に局所的に形成された自動車排ガスによる大気汚染は、これに継続的に曝露することにより、気管支ぜん息（ぜん息性気管支炎を含む）を発症させる危険がある。

(2)　千葉市、船橋市および柏市の自動車排出ガス測定局の一九九一年度ないし九三年度の一日平均値（九八パーセント値）は平均でおおむね一立方メートル当たり〇・一五ミリグラムである。したがって、原告の沿道居住地で浮遊粒子状物質の測定値が同〇・一五ミリグラムに達する場合には、気管支ぜん息に関する健康被害（身体権の侵害）が生じる蓋然性が高いということができる。

(3) 国道四三号と大阪西宮線の係争二道路の限度を超える供用が発作性の呼吸困難を主要症状とする看過しがたい疾患の症状をもたらしたと認められる。係争二道路に、このような極めて重大な沿道住民の損害すら限度内にあると考えなければならないほどの高度の公共性が存在するということはできない。

(4) 従来どおりの供用継続は、沿道の広い範囲で、疾患の発症・増悪（注＝増加、悪化の意味）をもたらす非常に強い違法性があるといわざるを得ず、公益上の必要性のゆえに差し止め請求を棄却すべきであるとは到底考えられない。

(5) 本判決の不作為命令を履行するためには、係争二道路の供用を全面的に禁止する必要があるのではなく、粒子状物質の排出量が大きい自動車（ディーゼル車）の混入率を制御することが可能であれば、必ずしも通行量の制限が大規模なものとはならないと考えられる。

尼崎公害訴訟の焦点となった道路は国道四三号と、尼崎市内では国道四三号の真上に二

図9　国道43号線と阪神高速道路

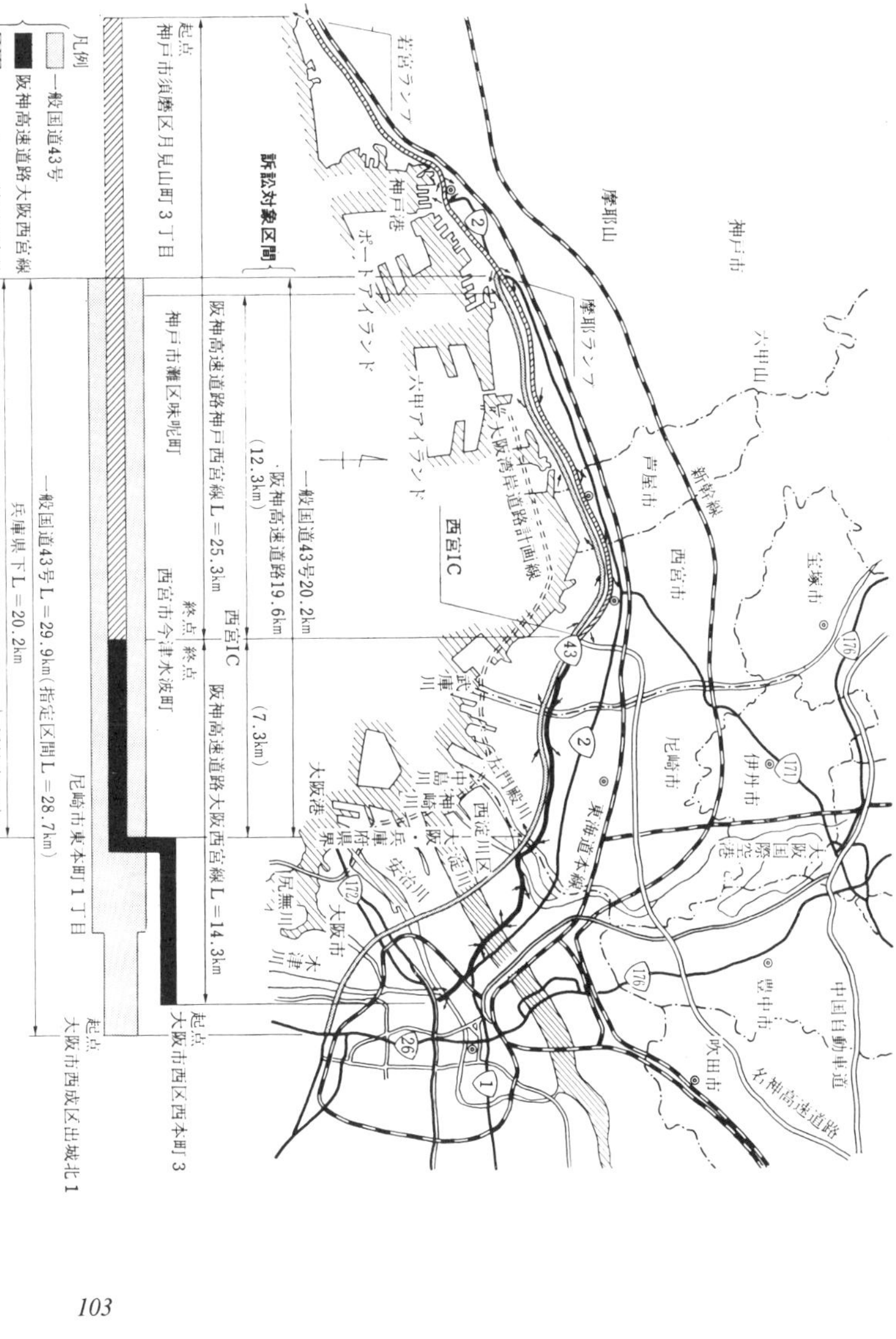

出所）阪神高速道路公団資料

階建てで設置された大阪西宮線。この二つの道路を走行する自動車の排出ガスによる大気汚染は全国で最もひどい部類に属している。

原告側は深刻な被害の実態を踏まえて浮遊粒子状物質については、一時間値の一日平均値が環境基準の大気一立方メートル当たり〇・一〇ミリグラムを超える排出の差し止めを求めた。これに対し、判決は原告側が請求した環境基準の一・五倍に当たる同〇・一五ミリグラムを超える浮遊粒子状物質の排出差し止めを認めた。「〇・一五ミリグラム」の根拠は、引用されている千葉大学医学部公衆衛生学教室の報告書記載の調査対象地域、千葉市、船橋市の自動車排出ガス測定局の一九九一～九三年度の浮遊粒子状物質一日平均値（九八パーセント値）が平均で〇・一五ミリグラムであることや、米国の浮遊粒子状物質の環境基準も一日平均値がこれと同じ数値であることなどによるものであろう。

この判決によって、「尼崎公害訴訟」は患者側の全面勝訴となった。この判決は次の点で画期的な意味を持つ。

(1) ディーゼル微粒子など浮遊粒子状物質と道路周辺住民のぜん息などの健康被害との因果関係を明確に認め、これによって自動車排出ガスの健康被害を認める司法判断が決定的になった。国はこの因果関係を一貫して否定してきたが、裁判所が公共的な道路といえども住民に被害を与えることは許されないとして、環境重視の判断を示した意義は大きい。

(2)　大気汚染公害の訴訟で初めて一定濃度を超える浮遊粒子状物質の排出差し止めを命じた。判決は「従来どおり、道路の供用を継続することは、沿道の広い範囲で疾患の発症・憎悪をもたらす非常に強い違法性があるといわざるを得ない」と警告し、これまで大気汚染物質と健康被害との因果関係を否定して患者の救済と道路公害防止対策をなおざりにしたまま「道路周辺の環境改善」や「交通の円滑化」を理由に、大量の自動車交通を可能にする道路建設を推進してきた国の道路行政のあり方を「断罪する」判決となった。

(3)　この判決を含めた裁判を通じて、ディーゼル微粒子が気管支ぜん息をはじめとするさまざまな呼吸器疾患を引き起こすメカニズムや、環境ホルモンと同様の生殖障害をもたらす恐れのあることなどが改めて浮き彫りになった。

(4)　国道四三号と阪神高速道路大阪西宮線は大型ディーゼル車の混入率が三割近く、この二つの道路の排出するガスが不可分一体となって大気を汚染しているのだから、強い違法性があり、建設・管理する国と公団は共同不法行為責任があるとの判断が示された。判決はそのうえで少なくとも沿道五〇メートル以内は局所的な大気汚染があるとし、差し止めの手法として「ディーゼル車の通行を抑制すれば可能」と具体的に指摘した。

(5) 幹線道路沿道住民に健康被害をもたらした原因は、二酸化窒素よりも浮遊粒子状物質であるとして、浮遊粒子状物質の濃度が一定限度を超えれば差し止めるべきであるとの判断を示した。

確かに二酸化窒素を中心とする窒素酸化物は有害だが、ぜん息やがんを引き起こす毒性や生殖毒性などは浮遊粒子状物質の方が強いとされている。にもかかわらず、わが国大気保全行政では窒素酸化物排出削減に重点が置かれ、浮遊粒子状物質のうちでも、とりわけ呼吸器に大きな影響を与える直径二・五マイクロメートル以下のディーゼル微粒子の排出削減に絞った実効ある浮遊粒子状物質対策が実施されてこなかった。

この判決について清水嘉与子環境庁長官は次の談話を発表した。

「詳細をまだ承知していないが、一部差し止め請求権を認めたものと聞いている。その内容を精査し、関係機関と協議したうえで今後の対応を決定する。環境庁としては、従前から取り得る限りの大気汚染対策を推進してきた。今後とも関係省庁間の連携を図りつつ大気汚染防止策をより一層推進します」

二月一日、「尼崎公害訴訟」の原告・患者ら約一〇〇人は環境、建設、運輸などの関係省庁を訪れ、国に大気汚染防止対策を取らせるための具体的な交渉に入った。

環境庁で応対した広瀬省・大気汚染局長は尼崎公害訴訟の判決で、大気保全行政を具体的にどう進めるべきかを問われたことを率直に認め、汚染の実態を把握するため現地へ担当者を派遣、尼崎市と一緒にモニターの設置場所や測定方法を検討すること、疫学調査の実施や浮遊粒子状物質計測のための予算を取るよう努める考えを表明した。

建設省との交渉では道路局道路交通管理課の大坂正・訟務対策官が冒頭、「判決は厳粛に受け止めるが、謝罪やコメントはできない」と述べた。これに対し、患者らが「苦しみを分かち合ってくれないのか」と反発、一時交渉が紛糾した。

運輸省では、環境・海洋課の堀内丈太郎補佐官が対応、「沿道住民の大変な状況を実感している」と述べ、環境改善への努力を約束した。

ところで大阪高裁の妹尾圭策裁判長は、国が判決を不満として控訴する方針を固めようとしていたため、八月二十九日、国に対し「二十世紀に起きた公害事件は今世紀中に解決しよう」と職権で和解を呼び掛けた。妹尾裁判長は一審の心理に一年もかかり、提訴した原告四八三人のうち判決までに一三六人が死亡したことを重視、これ以上の裁判の長期化を避けたいと考えたのである。しかし国は裁判所の和解勧告に応じず、控訴する方針を決め、同高裁に和解拒否の回答書を提出した。保岡興治法相は閣議後の記者会見で「我々の基本的な主張が認められておらず、しかも自動車の排ガスに含まれる浮遊粒子状物質と気管支ぜん息との因果関係を認め、浮遊粒子状物質の排出差し止めを認めた判決には不服がある」と控訴の理由を説明した。

国側が大阪高裁に控訴審の弁論再開を申し立てたのに対し、患者側は「弁論再開は不要」との意見書を同高裁に提出、対立した。これについて大阪高裁は十月十二日、「弁論再開はしない」と決定し、国側の法務省と患者側双方に電話で通知した。

「尼崎公害訴訟」は二〇〇〇年十一月末、すでに十二年が経過し、二審に移った。裁判の長期化で四九八人中、一三八人が死亡し、原告の高齢化が目だっている。原告側は早期決着を要望し、大阪高裁がこれに応えて和解を双方に勧告したのに対し、国側がこれを拒否したため、同高裁が弁論再開なしの判決に踏み切ったものである。

これにより一時は年内に控訴審判決が言い渡される見通しとなった。しかし一定濃度を超える浮遊粒子状物質の排出差し止めを命じた一審判決に対する国側の反発は強く、裁判が続けば決着までになお長い年月がかかる。高齢化した患者を多く抱える原告側の中に、和解による早期全面解決を望む声が強まり、原告側が国・公団に和解交渉を申し入れた。国側は後述する「名古屋南部公害訴訟」でも十一月二十七日に一定濃度以上の浮遊粒子状物質の排出差し止めを命じた名古屋地裁判決を考慮、「少しでも漏れたら和解はない」という条件付きで交渉に応じた。

和解交渉は当事者間で密かに進められ、十二月一日、国側が大気汚染を改善するためのさまざまな対策の実施を約束、これと引き換えに原告側は神戸地裁判決が命じた一定濃度以上の浮遊粒子状物質の排出差し止めと損害賠償の請求権を和解後に放棄、そのうえで原告住民側と国・公団側が和解する方向で基本的に合意した。合意の後、原告側と国側は一緒に大阪高裁を訪れ、妹尾圭策裁判長に合意について説明した。

和解条項は①国と公団が訴訟対象の各道路沿道で環境基準の達成を目標とする。阪神高速道路の神戸線と湾岸線で「ロード・プライシング」を早期に実施し、大型車の交通規制に向けた具体的な方策を検討するため、二〇〇一年中に交通量調査に着手する。住民の健康影響調査も実施する、②尼崎東入路については地域住民の同意なしに強行着工しない、③国道43号線の主要交差点にエレベーターなどを設置する、④和解条項を実行し、環境改善の方法を話し合うため、原告と建設省、公団からなる「連絡会」を設置して具体的な検討を始める、⑤原告は国と公団に請求していた損害賠償を放棄する——という内容である。

八日、和解が成立し、提訴以来、十二年ぶりに全面解決した。患者側は同日、和解条項の実施状況を監視、同条項で定められた「連絡会」の活動を患者側の立場で支援したり、地域環境について行政へ提言するプロジェクトチーム（交通問題の専門課や弁護士などで構成）を二〇〇一年早々に発足させることを明らかにした。

いっぽう名古屋地裁で審理していた「名古屋南部公害訴訟」第一次提訴分が十一月二十七日、判決を迎えた。この判決で北沢章功《あきのり》裁判長は患者と死亡者合わせて九六人について、工場排煙と気管支ぜん息発病との因果関係を、また国道二三号沿道二〇メートル以内に居住する三人についてはは自動車排出ガス中の浮遊粒子状物質と気管支ぜん息発病との因果関係をそれぞれ認めた。そのうえで北沢裁判長は企業一〇社に対し連帯して計約二億八九六二万円、国に対して計約一八〇〇万円の損害賠償の支払いを命じ、さらに「提訴の一九八九年からこれまでの十年余、国は少なくとも本原告との関係では被害発生を防止すべき格別の対策を取ってきておらず、対策の前提となる汚染物質濃度の測定などの調査予定すらない」と厳しく指摘し、患者一人について環境基準の約一・五倍に当たる一日平均値で一立方メートル当たり〇・一五九ミリグラム（千葉大学医学部調査の対象地域の濃度）を超える濃度の浮遊粒子状物質排出差し止めを命じた。

この訴訟は名古屋市南部などに住む公害病認定患者と遺族ら計一四五人が一九八九年三月、名古屋港臨海部に工場を持つ企業一一社と四つの国道を管理する国を相手取り、損害賠償と環境基準を上回る浮遊粒子状物質の排出差し止めを求めて提訴したもの。九七年十二月に第三次の追加提訴があり、それまでに原告は二七三人、請求総額は八二億六八〇〇万円にのぼった。当初の被告企業は中部電力、新日本製鉄、東レ、愛知製鋼、大同特殊鋼、三井化学、東邦ガス、東亜合成、ニチハ、中部鋼鈑、ヤハギの一一社だったが、ヤハギは倒産により訴訟が終了した。

原告弁護団と被告企業一〇社は判決の日、深夜に及んだ交渉で、第二次、第三次訴訟の原告を含めて和解による早期全面解決へ向けて努力する旨の確認書を取り交わした。いっぽう被告の国は十二月五日、判決を不服として名古屋高裁に控訴した。

十一日、原告側は判決で示された企業の加害責任の範囲が狭いことなどを不服として控訴、これを受けて被告企業一〇社も控訴した。原告側は控訴審の審理のかたわら、被告企業一〇社と取り交わした確認書どおり、和解交渉を推進する考え。

環境基準の約一・五倍の浮遊粒子状物質の排出差し止めを求める判決は同年一月の「尼崎公害訴訟」の判決に続き、二度目。大気汚染公害訴訟では、国や企業の賠償責任を認めるだけでなく、健康被害防止の観点から効果的な道路公害防止対策の実施を国に迫る下級審の司法判断がこれによって定着したと言えよう。

差し止め判決への公害裁判の流れ

浮遊粒子状物質の差し止め請求を認めた尼崎大気汚染公害訴訟の判決はどのような意義

をもつのだろうか。過去の差し止め判決と比較してみよう。

公害訴訟で差し止めが認められたケースは大阪国際空港の航空機騒音公害事件をめぐる「大阪国際空港公害訴訟」の一審・大阪地裁判決（一九七四年二月二十七日）と二審・大阪高裁判決（一九七五年十一月二十七日）だけである。

大阪地裁判決は住民が公害の発生を阻止する権利として人格権を認め、人格権を法的根拠にして「被告は大阪国際空港を毎日午後十時から翌日午前七時までの間、緊急その他やむを得ない場合を除いて、航空機の離着陸に使用させてはならない」というもので、住民側が強く求めていた「午後九時から翌朝七時までの飛行禁止」は請求を棄却された。午後十時からの発着禁止は環境庁の勧告などから空港当局が実施済みで、判決は現状を追認しただけに終わった。

これに対し大阪高裁の判決は人格権に法律上、絶対的に保護されるべき積極的な価値を認め、そのうえで航空機騒音による被害が広範囲にわたり、しかも重大であると判断、大阪国際空港の公共性がいかに大きくとも午後九時以降翌朝七時までの差し止め請求を認容すべきだとした。差し止めを全面的に認めた理由について、判決は「地域住民を集団的に観察して、その一部の者に航空機騒音等による疾患が生じていることが明らかであれば、住民全員について被害が発生し、または少なくとも侵害の現実の危険があるものとして、その保護または救済が図られなければならないと解釈される」としている。

差し止め請求を認めた判決は、大阪国際空港公害訴訟の二審判決から実に四半世紀ぶりである。尼崎公害訴訟の差し止め請求認容判決は、原告側が請求した限度の〇・一〇ミリグラムよりも一・五倍も緩い数値だったから、画期的、かつ先進的な内容の大阪国際空港公害訴訟二審判決の差し止め請求認容には及ばない。しかし深刻な被害の実態を認め、「一部を認容したところで、本件差し止め請求のごくわずかしか認容したことにならないことは明白」と前置きしながらも、差し止め請求を認めた意義は大きい。

しかし差し止め請求をめぐる判決内容は、却下（請求など自体が不適法であるとして門前払いすること）する判例が主流だった時代から、深刻な被害の実態に理解を示し、差し止め請求を適法として認めたうえで棄却（請求など訴え自体は適法であるとし、内容を審理したあと、訴えを退けること）する時代に微妙に移り変わりつつあるようだ。その変化の流れを国道四三号線公害訴訟控訴審判決（一九九二年二月二十日）から西淀川公害訴訟判決（一九九五年七月五日）、川崎公害訴訟判決（一九九八年八月五日）を経て尼崎公害訴訟判決（二〇〇〇年一月三十一日）で探ってみよう。

【国道四三号公害訴訟控訴審判決】

国道四三号線と、その上を走る阪神高速道路大阪西宮線・神戸西宮線の沿道住民一五二人が一九七六年八月、国と阪神高速道路公団に対し①道路からの一定量以上の騒音、二酸化窒素の排出差し止め、②騒音などによる被害の損害賠償として約九億九〇〇〇万円の支払いなどを求めて提訴した。一九八六年七月の一審・神戸地裁判決では差し止め請求は却下されたが、総額一億七〇〇〇万円の損害賠償は認容された。

被告、原告とも判決を不服として控訴。一九九二年二月二十日、大阪高裁は被告の国（建設省）と阪神高速道路公団による不法行為を認めて一審判決を上回る二億三二一二万円の損害賠償の支払いを命じ、基本的に一審判決を支持した。

焦点の人格権にもとづく差し止め請求については一審判決の却下とは異なり、実質審理を行なったうえで、「訴えは適法だが、請求には理由がない」として、一審の却下（門前払い）を取り消し、棄却。そのうえで「原告らの被害は生活妨害にとどまり、いまだ社会生活上、受忍すべき限度を超えているとはいえない」と判断を示した。

【西淀川公害訴訟判決】

大阪湾沿岸工業地帯の工場群から出る煤煙と自動車の排出ガスによる複合汚染に悩まされている大阪市西淀川区の公害病認定患者組織「西淀川公害患者と家族の会」（会員三〇〇〇余人）のメンバー九八人と、死者三人の遺族一四人、計一一二人が一九七八年四月二十日、同工業地帯に立地する大手企業一〇社と国、阪神高速道路公団に緩和前の旧環境基準で定めていた「一日平均値〇・〇二ｐｐｍ」を超える二酸化窒素と現行の環境基準で定める浮遊粒子状物質（環境基準値は一時間値の一日平均値が大気一立方メートル当たり〇・一〇ミリグラム）を超える量の排出差し止めと総額二〇億五二〇〇万円の損害賠償を求める訴訟を大阪地裁に起こした。

原告数は一九八四年七月の第二次提訴により七二五人を数え、賠償請求総額も一二二億八五〇〇万円に増加。発電所や工場群と自動車による大都市型の複合大気汚染に汚染の法的責任を問う、わが国最初の大規模な大気汚染公害裁判となった。

「西淀川公害訴訟」の主な争点は①被告企業は汚染源かどうか、②大気汚染と疾病との因果関係、③被告企業に共同不法行為が成立するか、④差し止め請求をどう扱うか――の四点。

差し止め請求について、原告側は「生命への危険防止のため、人格権、環境権により環境基準を超える大気汚染物質の差し止め請求は認められるべきだ」と主張。基準達成の方法については「工場であれば排出抑制（場合によっては操業停止）、道路であれば地下やトンネル方式などさまざまあり、それは被告が選択すべきである」と被告企業、国、公団に対応を求めた。

これに対し被告側は「差し止めの方法を特定しておらず、訴えは不適法」と主張した。

また原告側が差し止め請求の根拠とする人格権、環境権について、被告側は「実定法上、根拠がない」と主張した。

一九九一年三月二十九日、大阪地裁は第一次提訴の原告一一七人（提訴後、五人加わった）のうち七六人について、被告企業が排出した二酸化硫黄および浮遊粉塵と西淀川地区における慢性気管支炎、気管支ぜん息、肺気腫との因果関係を認めたうえ、次のように判決を言い渡した。

(1) 被告の神戸製鋼、大阪瓦斯、関西熱化学の三者間には従来から、被告企業一〇社間には遅くとも一九七〇年以降、共同不法行為が成立する。

(2) 被告企業は操業継続上の過失および大気汚染防止法に基づき損害賠償責任がある。被告一〇社は総額約三億六〇〇〇万円を連帯して支払え。

また、判決は大気汚染物質の排出差し止め請求について、「請求が差し止めの方法を特定していないから不適法である」として、却下した。このため国を除く被告企業一〇社と原告側はそれぞれ判決を不服として、大阪高裁に控訴した。原告の控訴理由の一つとして「環境基準を超える大気汚染物質の排出差し止め請求が門前払いになったこと」を挙げた。

一九九五年七月五日、大阪地裁は第二次、第三次訴訟の判決で、国、阪神高速道路公団の責任を認め、原告のうちの二一人に損害賠償金を支払うよう命じた。また自動車の排出する汚染物質が工場の排煙と相俟って西淀川地区の高濃度汚染を形成しているという判断を示し、道路と工場との間には共同不法行為があるとした。

原告側が求めていた差し止め請求について、判決は現在の大気汚染の状況や各道路の公共性などを考慮して差し止めの必要性を認めず、請求を棄却した。しかし「現在も侵害行為が続いている」として、道路管理者である国を含めて複数の汚染者に対する差し止め請求の可能性を示し、門前払いの主張を認めなかった。これは「原告らの差し止め請求は被告に具体的な行動を指示していないので、不適法である」として却下した一次訴訟判決と大きく異なる点で、以後の差し止め裁判に明るい展望を示した。

第一次提訴から数えて二十年、患者数七二六人という大規模な裁判になった「西淀川公害訴訟」の控訴審は長期裁判の様相を見せ、和解を求める動きが出始めた。一九九八年七月三十日、同訴訟の控訴審は大阪高裁で原告の公害病認定患者らと国、阪神高速道路公団との間で和解が成立した。この和解では最大の争点だった自動車排出ガスと健康被害との因果関係については触れないまま、国と公団が車線の削減などの対策の実施を約束し、患者側も第二―四次訴訟の一審判決で認められていた損害賠償金約六六〇〇万円の請求権を放棄した。

【川崎公害訴訟判決】

川崎市の公害病認定患者ら四一二人が一九八二年三月十八日、国・首都高速道路公団と一四企業・団体を相手取り、自動車排出ガスの二酸化窒素、浮遊粒子状物質、工場排煙の二酸化硫黄による複合汚染の責任を問い、これらの汚染物質の排出抑制と損害賠償を請求して横浜地裁川崎支部に提訴した。提訴は一九八八年まで四次にわたり、損害賠償金の請求総額は約九五億円となった。

一九九四年に第一次訴訟一審判決では企業・団体の責任を認め、総額約四億六〇〇〇万円の賠償支払いを命じたが、国・公団の責任は認めず、控訴審が東京高裁で争われた。一九九六年十二月、原告側と企業・団体との和解が成立、三一億円の解決金が支払われ、工場排煙については決着した。

裁判の焦点は自動車排出ガスと公害病の因果関係に移り、一九九八年八月五日の第二―四次訴訟一審判決で横浜地裁川崎支部は自動車排出ガスに含まれる二酸化窒素、浮遊粒子状物質と原告の呼吸器疾患の発症・症状の悪化との因果関係を認め、原告四八人に総額一億四九〇〇万円を支払うよう国と公団に命じた。

有害物質の排出差し止め請求に対し、判決は「道路端から五〇メートルの沿道以外の原告らについては、汚染物質の排出による被害は受忍限度内であり、五〇メートル以内の沿道に住む原告についても公共性を犠牲にしてまでも排出を差し止める緊急性が認められない」と述べて請求を棄却した。

二酸化窒素、浮遊粒子状物質の汚染と呼吸器疾患の発症・症状の悪化との因果関係を認めたことと並んで注目されるのは、ディーゼル微粒子の健康への害を強く指摘したことである。判決は次のように述べている。

「浮遊粒子状物質のうちのディーゼル排気微粒子が動物の呼吸器に障害を発生させるという動物実験等から浮遊粒子状物質が定性的に呼吸器の障害を発生させる性質を有していること、本件地域における浮遊粒子状物質は極めて高い濃度を示していたこと等を考慮すると、一九七五年ころ以降の本件地域における浮遊粒子状物質は二酸化窒素と相加的に作用して指定疾病を発症または増悪させる危険性があった」

この「川崎公害訴訟」(第二—四次)の一審判決は差し止め請求こそ認めなかったが、浮遊粒子状物質、窒素酸化物と健康影響との因果関係をはっきりと認め、ディーゼル車から大量のディーゼル微粒子を排出しながら、有効適切な汚染防止対策を講じてこなかった環境行政を断罪した。この判決は立ち遅れていたディーゼル微粒子汚染防止の早急な対策の実施を迫るものであったが、これによって対策が取られるまでには至らなかった。

これに対し、「尼崎公害訴訟」は浮遊粒子状物質と住民の気管支ぜん息との因果関係を明確に認めて、国と公団に一定濃度以上の浮遊粒子状物質の排出差し止めと損害賠償を命じ、原告側の勝訴となった。このように見てくると、「尼崎公害訴訟」の差し止め判決が決して唐突なものではなく、一連の公害裁判を通じて判例が積み重ねられ、差し止め判決の機運が徐々に醸成されたものであることが分かる。

「尼崎判決」の国、自治体への影響

浮遊粒子状物質の排出差し止めを初めて認めた「尼崎公害訴訟」の画期的な神戸地裁判決から三日後の二〇〇〇年二月三日、ディーゼル車公害対策に取り組んでいる東京都は判決を受けて「東京大気汚染公害訴訟」にどう対応すべきかを協議した。

席上、石原慎太郎都知事は「東京で起きている裁判も、尼崎と本質的には同じ。私は行政の責任は間違いなくあると思う」と述べ、さらに「東京都には都民の健康を守る努力をしてこなかった不作為の責任がある。行政は責任を回避すべきではない。都自らの責任を認めたうえで、行政の最高責任者である国の責任を問うべきだ」と強調した。

「東京大気汚染公害訴訟」は自動車排出ガスによる大気汚染で公害病になったとして、東京都内に住むぜん息患者とその遺族一〇二人が一九九六年五月三十一日、トヨタ、日産、三菱、いすゞ、日野、日産ディーゼル、マツダの自動車メーカー七社と国、都、首都高速道路公団に約二一億円の損害賠償と大気汚染物質の排出差し止めを求めて提訴した裁判。七社はガソリン車と比べて微粒子と窒素酸化物を多量に排出するディーゼル車を生産・販売していることを基準に選んだ。

訴状の中で、原告側は主に次の三点を主張した。

(1) 国(建設省)、東京都、首都高速道路公団は自動車排出ガスによって健康被害が生じないよう道路を管理する責任がある。

(2) 国と東京都は大気汚染物質の発生を防除し、健康被害を防ぐ義務を怠った。

(3) 自動車メーカー七社が窒素酸化物などを最も多く排出するディーゼル車を製造・販売するのは不法行為に当たる。

原告側は、そのうえで①一時間値の一日平均値が〇・一〇ミリグラム、一時間値が〇・二〇ミリグラム(いずれも大気一立方メートル当たり)を超える濃度の浮遊粒子状物質、②一時間値の一日平均値が〇・〇二ppmを超える濃度の窒素酸化物――の排出差し止め、および二〇億円の損害賠償を求めた。

被告にディーゼル自動車メーカーを加え、その公害の責任を追及する裁判は前例がない。この裁判が「西淀川公害訴訟」や「川崎公害訴訟」などの大気汚染公害訴訟と異なるのは、この点である。原告・弁護団はディーゼル車排出ガスによる大気汚染公害とその被害者救済の責任を明らかにして、救済財源の多くをディーゼル車メーカーに負担させること、およびディーゼル車に対するガソリン車並み以上の規制の実施、これによるディーゼル微粒子公害の根絶、一九八八年三月、改正公害健康被害補償法の施行にともない、廃止された大気汚染による公害病患者に対する補償の再開も目指している。

提訴は九七年六月に第二次、九八年十月に第三次と続き、この時点で原告総数は三二七人。第一―第三次提訴の損害賠償請求総額は約七〇億六〇〇〇万円に増えたが、原告・弁護側は今後も追加提訴を考えている。

「東京大気汚染公害訴訟」について、前述のとおり石原東京都知事が「東京大気汚染公害訴訟は尼崎公害訴訟と基本的には同じ。都自らの責任を認めたうえで、国の責任を認めるべきだ」との行政の責任を認める発言は、この訴訟の行方にも影響を与えかねないものとして注目された。

いっぽう埼玉県は五月十五日、県内を走るディーゼル車への微粒子除去装置装着の義務づけを柱とする「彩の国青空再生戦略」を発表した。「再生戦略」には除去装置装着の義務化のほか、工場煤煙排出規制の強化などを盛り込み、二〇〇五年度末までに浮遊粒子状物質の環境基準（大気一立方メートル当たり〇・一ミリグラム以下）を同県内で達成する方針。

除去装置装着の義務化は東京都が「尼崎公害訴訟」の判決を受けて二月、実施する方針を打ち出し、埼玉県はこれについで二例目だが、除去装置装着を柱に、期限を設定して浮遊粒子状物質の環境基準の達成を目指す積極的な対策を決めたのは埼玉県が初めてである。

東京都のディーゼル車対策に歩調を合わせるかのように、都の周辺自治体が対策の実施へむけて動き出した。

埼玉県では一九九八年度の場合、浮遊粒子状物質の環境基準達成率がわずか二パーセント（七二測定局のうち適合は二カ所）で、全国で最も低い。同県の浮遊粒子状物質の排出源を見ると、ディーゼル車が総排出量の半分を占めている。そこで、まず登録されている県内のディーゼル車約五四万台に微粒子除去装置装着を義務づけることにした。次いで軽油中の硫黄分低減などの燃料改善の申し入れ、低公害車の普及促進なども検討し、可能な対策を実施していく考え。このため埼玉県は六月、県民、企業、学者からなる「自動車大気汚染対策懇話会」を設置、これらの対策についての検討を始めた。

千葉県市川市では東京都の規制によって閉め出された未規制ディーゼル車が集まったりする事態を避けるため、都の規制に足並みをそろえる方針で、対策のあり方の検討を始めた。

いっぽう「尼崎公害訴訟」の地元、兵庫県は三月上旬、判決を受けてディーゼル車に浮遊粒子状物質除去装置の装着を義務づける対策の実施を決めた。そして「一県だけ実施しても実効性に問題がある」として、大阪府と京都府に対し、共同実施を申し入れた。両府は検討の結果、四月、共同実施に同意し、今後、三府県が足並みをそろえてディーゼル微粒子除去装置の装着義務づけを実施するための技術的な課題や規制の程度などのほか、京阪神地域へのディーゼル車の流入対策や分散化などの交通規制策の共同実施についても検討していくことになった。

公害病補償制度を求める自治体・患者

経済協力開発機構（ＯＥＣＤ）から「世界に例のない画期的な制度」と高く評価された公害健康被害補償法に基づく呼吸器系疾病への公害病認定・補償は財界・産業界の補償金負担増大への不満から、ついに一九八八年三月に廃止された。しかし大気汚染公害のために呼吸器の疾患を病む人は多い。その実態を知っている自治体は国の補償制度廃止に強く反対した。そして廃止後はやむなく独自に公害病認定を実施している自治体もある。そこで、自治体が公害病認定制度をいかに必要としているかを見よう。

中央公害対策審議会が新たな大気系公害病患者の認定・補償制度の廃止を提言した答申を環境庁に提出した一九八六年十月三十日、東京都の鈴木俊一知事はこの答申について

「窒素酸化物を中心とする複合大気汚染の現状や健康への影響などの点について十分に解明されないまま、指定解除の結論を急いだようで、関係住民や自治体が納得できるものとは言いがたい」と厳しく批判した。そして東京都が独自に実施してきた十八歳未満の大気汚染公害病患者への医療費助成制度を今後も続けていくことを発表した。

東京都は「公害健康被害救済特別措置法」（一九六九年に施行）に基づく地域指定を受けなかったため一九七二年、都内の患者に対し独自に医療費の自己負担分を支給する医療費助成制度を設けた。一九七四年九月、公害健康被害補償法が施行され、公害病と認定された患者には医療費だけでなく、障害補償費も支給されるようになったが、地域指定を受けたのは二三区のうち一九区だったから、都独自の医療費助成制度は指定されなかった残り四区と多摩地区の患者に医療費を助成する役割を果たした。

答申を受けた環境庁は大気汚染地域に指定されている全国四一の区市町村と一〇都道府県の計五一自治体の首長に対し、地域指定解除の是非について正式に意見を照会した。これに対し、東京都品川区の多賀栄太郎区長が八七年一月二十日、全国のトップを切って「地域指定の解除は納得できない」と回答した。三十日には鈴木東京都知事が①窒素酸化物を中心とする都市複合大気汚染がいまだ改善を要する状況にあり、健康への影響が懸念される現状にあっては、窒素酸化物による幹線道路の局地汚染等を考慮することなく一律に解除することは適切ではない、②制度の見直しには、費用負担のあり方について検討するとともに、大気汚染の実態に即した公正かつ適切な対策を講じる必要がある、③窒素酸化物対策、国はディーゼル車を中心とする自動車排出ガス規制の強化を早急に実現して欲しい――という趣旨の意見をまとめ、中曽根首相宛てに提出した。

関係自治体首長が環境庁に寄せた大気汚染地域指定解除の答申に関する意見は二月九日までに五一通にのぼった。このうち条件付きや「解除はやむを得ない」なども含め同意の方向を示したのは六通、「慎重に検討を」などの慎重論が二四通、「反対」意見は二一通で、「慎重論」と「反対」を合わせると、全体の八八パーセントを占めた。

しかし環境庁は地域指定解除の方針は変えず、公害健康被害補償法の改正法案づくりを進め、二月十三日の閣議に法案を提出した。改正法案は国会に提出され、衆議院環境委員会で審議された。

十八日と二十二日の両日、同委員会は鈴木武夫国立公衆衛生院院長（「大気汚染と健康被害との関係の評価に関する専門委員会」委員長）、吉田克巳三重大学医学部教授（中央公害対策審議会委員）、大村森作「川崎公害病友の会」会長、柴崎芳三経団連環境安全委員会委員長の四人を参考人に呼んで集中審議を行なった。席上、鈴木参考人は窒素酸化物、浮遊粒子状物質と健康被害との関係などについて、次のように述べた。

(1)　窒素酸化物、浮遊粒子状物質と疾病との関係や暴露されてから十～二十年経ってから現われる遅発性影響を今の科学は明らかにすることができない。

(2)　大気汚染の指標のうち二酸化硫黄の濃度は改善されたが、二酸化窒素の濃度は横ばいで、大気汚染は全体として改善されたとは言えない。

(3)　したがって健康被害補償制度は最も悪い例を考えて充実を図るべきである。この制度の見直しは窒素酸化物、浮遊粒子状物質も考慮に入れ、科学的資料に基づいて検討しなければならない。

四人の意見陳述の後、与野党五党の議員から四人に対する質疑が行なわれ、制度の見直しを主張する経団連と「大気汚染は改善されていないのだから、地域指定を解除すべきではない」と反論する患者側の両者が真っ向から対立し、学識経験者が窒素酸化物や浮遊粒子状物質による汚染状況を考慮、科学的知見に基づいて再検討するよう求めた。

こうして一九八七年九月十八日、公害健康被害補償法の一部改正法案が可決、成立、翌八八年三月一日、全国四一の指定地域が全面解除され、呼吸器系疾患の新たな公害病認定と補償給付が全廃された。しかし関係自治体の大半が補償廃止に反対または慎重論だったこと、および大気汚染公害病患者たちの強い反対を押し切る格好で補償制度の廃止が強行されたことは重要である。

大気汚染による呼吸器疾患患者の多い自治体では、国の健康被害補償制度が廃止されたため、自治体独自に医療費助成制度を設けるなどの施策が必要になった。

川崎市は一九九八年八月の「川崎公害訴訟」（第二—四次）の判決で自動車排出ガス中の浮遊粒子状物質や二酸化窒素などの大気汚染物質による呼吸器疾患が今も発生していると認定されたことを受けて、同年十二月、大気系公害患者への健康被害補償が廃止された一九八八年三月以降の新たなぜん息患者などに医療費を助成する制度を同市独自で実施することを決めた。

川崎市は公害健康被害補償法に基づく補償が受けられなかった患者を救済するため独自の要綱を制定して、一九八八年までに指定地域に三年以上居住した気管支ぜん息、慢性気管支炎などの呼吸器疾患患者に対し、医療費の自己負担分を支給してきた。

しかし川崎市では、八八年三月の国による公害病認定打ち切り後も、小児ぜん息患者が倍増するなど、大気汚染による呼吸器疾患がかなり多く発生している。そこで八八年以降の自動車排出ガスなどの大気汚染による呼吸器疾患患者も医療費助成の対象に含めるよう要綱を改正することとした。

「尼崎公害訴訟」原告の患者たちが裁判に立ち上がったきっかけは一九八八年三月、改正公害健康被害補償法による大気汚染健康被害者への補償の廃止である。また現在、東京地裁で係争中の「東京大気汚染公害訴訟」も浮遊粒子状物質などの大気汚染による呼吸器疾患を対象とする健康被害補償制度の再開を目標に掲げている。

一定濃度を超える浮遊粒子状物質の排出差し止めを命じた画期的な「尼崎公害訴訟」一審判決を機に、新規の大気汚染公害患者への公害病認定と補償給付の廃止を見直し、ディーゼル微粒子公害の実態に即した公害病認定制度を再開すべきだという議論が出ている。これまで見てきたとおり、大気汚染の悪化に対応して裁判所も患者の健康被害に理解を示す方向へ徐々に向かっているように思える。公害被害者の運動、裁判所、一般市民の声などの世論が政治・行政を動かし、新しい公害健康被害の補償制度の創設を実現すべきである。

第五章　東京都のディーゼル公害対策

窒素酸化物からディーゼル車対策へ

わが国の自動車保有台数は高度経済成長期の始まる一九六〇年ごろから一貫して増加し続け、二〇〇〇年十一月一日現在、七五〇〇万台を超えている。四十年間で二十七倍前後、首都東京についてみても七倍以上の急増ぶりである。

この間、自動車排出ガスの窒素酸化物規制は一九七〇年代初めごろから各車種ごとに実施回数を重ねたが、せっかくの規制効果も走行台数の青天井の増加によって次々に相殺され、その結果、大気中の窒素酸化物濃度は今日まで横ばい状態が続いた。こんな状況の中、石油危機が発生し、ガソリン価格が高騰、ガソリンより安い軽油を燃料とするディーゼル車が爆発的に増えた。しかしディーゼル車はガソリン車と比べて、はるかに多くの窒素酸化物と浮遊粒子状物質を排出する。急増する自動車の多くがディーゼル車によって占められるようになると、窒素酸化物も浮遊粒子状物質も濃度の改善はますます困難になった。

ところが、わが国の大気保全行政は環境庁発足以来、窒素酸化物規制に偏重し、窒素酸化物より呼吸器に重大な疾患をもたらす浮遊粒子状物質の排出規制には窒素酸化物に比べてあまり力を入れなかった。地方自治体も、こんな国の姿勢に合わせる格好で、浮遊粒子状物質規制に積極的に取り組んでこなかった。

東京都の大気保全行政は窒素酸化物規制重視から現在の浮遊粒子状物質規制重視へ、どのように変わったのだろうか。

環境庁は一九七八年、二酸化窒素（NO_2）の環境基準をそれまでの「一日平均値〇・〇二ｐｐｍから実質〇・〇六ｐｐｍに緩和した際、「基準は緩和しても、一九八五年度末までに全測定局で新環境基準を達成する」と言い、東京都、神奈川県、大阪府の窒素酸化物高濃度汚染地域について、窒素酸化物総量規制を実施した。東京都はこれにもとづき一九八二年十一月、「総量削減計画」を策定、特定工場で二八〇〇トン、自動車三万トンなどと発生源ごとに窒素酸化物の排出量を決め、一九八五年度の総排出量を一九七六年度より四割削減することを目標に掲げて対策を実施した。

しかし東京都内の二酸化窒素濃度は一九八〇年代以降、二〇〇〇年まで一向に改善されなかった。環境庁の約束期限の一九八五年度の都の環境基準達成率は一般環境大気測定局が八二・六パーセント、幹線道路沿いに設置されている自動車排出ガス測定局が二五・〇パーセントで、いずれも横ばい傾向のままだった。

そこで都は一九八七年十月、「東京都環境管理計画」を策定し、これにもとづき、一九九〇年度までに環境基準を達成するための新しい窒素酸化物の排出削減計画を策定した。計画はディーゼル機関やガスタービンなどを使用する工場の窒素酸化物排出規制の強化、清掃工場への脱硝装置の導入、これまで法規制の対象外だった省エネルギー型の小型ボイラーへの指導基準の設定など。だが規制を実施したにもかかわらず、それまでやや改善傾向にあった都内の窒素酸化物濃度が一九八八年以降、逆に悪化傾向をたどり、自動車排出ガス測定局の環境基準達成率は一九八五年度の二五パーセントから八八年度には六・七パーセントへ急落した。

三年間に一八・三パーセントという、かつて例のない窒素酸化物汚染増大の原因として、都が挙げたのがディーゼル車の急増。都内のディーゼル車の登録台数は一九八四年末の三二〇万台から八八年度末には四二〇万台に増加、そのうえ都外から都内への流入や都心を通過するディーゼル車の増加、ディーゼルトラックの大型化が加わり、東京の大気環境はディーゼル車の排出する窒素酸化物と浮遊粒子状物質によって著しく汚染されていったのである。

しかし都は環境庁と同様、浮遊粒子状物質の規制は実施しようとせず、もっぱら窒素酸化物規制に力を注いだ。一九八九年、都は「東京都自動車公害防止計画」を策定、最新規制適合車への買い換え促進のための低利融資の斡旋、低公害車の普及促進などの発生源対策の強化、交通対策の推進、地域特性に応じた施策の推進などを進めた。

一九九〇年十月、都は「東京都自動車交通量対策検討委員会」（委員長・伊藤善市東京女子大学教授）の検討結果をもとに次を柱とする「自動車交通量抑制対策」を策定した。

(1)　窒素酸化物の高濃度汚染が集中しやすい十一月から翌年一月までの三カ月間、毎週水曜日に指定地域の二三区と周辺の武蔵野、三鷹、調布、保谷、狛江の五市内の交通量を二〇～三〇パーセント削減する。

(2)　この計画を実施するため指定地域内に保有されている自動車の使用を、これまでより二〇～三〇パーセント抑制すること、およびその他地域からの流入を抑制することをそれぞれ自動車保有者に対し行政指導により自粛要請する。

(3)　ディーゼルトラックについては使用を抑制するために必要な措置を講ずる。

この計画は回数を重ねて実施され、対策の実施による効果がまとめられた。それによると、対策期間中の水曜日には確かに首都圏の主要街道の交通量が二パーセント前後、減少したが、前日の火曜日や翌日の木曜日には逆に〇・五～一・一パーセント増え、大気中の二酸化窒素濃度も改善されていなかった。

環境庁は一九九三年十二月施行の「自動車窒素酸化物総量削減法」（正式式名称は「自動車から排出される窒素酸化物の特定地域における総量の削減に関する法律」）にもとづき、東京都、神奈川県、大阪府の三都府県の窒素酸化物高濃度汚染地域を「特定地域」に指定し、三都府県の「総量削減計画」を策定してもらい、窒素酸化物を多量に排出するディーゼルトラックをガソリン車などに代替させるなどの対策を実施したが、その削減効果もはかばかしくなかった。この法律の「基本方針」では、国は同法で規定される特定地域で二酸化窒素の環境基準を二〇〇〇年度までにおおむね達成することを目標として掲げた。

しかし、この目標の達成も到底達成できないことがはっきりしている。二〇〇〇年三月、環境庁の「自動車窒素酸化物総量削減方策検討会」がまとめた報告書は、「これまでの対策だけでは環境基準の達成は困難」と述べ、目標が達成できなかった理由として、主に次の三点を挙げている。

(1) 東京、大阪などの自動車保有台数が約二割増えたうえに、トラックなどがガソリン車からディーゼル車に変わり、しかも大型化が進んだこと。

(2) 特定地域内の自動車走行量が約一割増加し、削減効果が減殺されたこと。

(3) 約三〇万台と見込んでいた電気自動車、ハイブリッド車などの低公害車の普及が一万台程度に留まったこと。

東京都をはじめ神奈川県、大阪府の三都府県では、窒素酸化物の高濃度汚染地域をなくさなければ、二酸化窒素の環境基準を達成できない。このため環境庁は一九九三年十二月に施行された「自動車窒素酸化物総量削減法」をもとにディーゼルトラックをガソリン車に代替させるなどの対策を実施した。東京都自動車公害対策室は、五〇台以上の貨物自動車類を使用する事業者を対象に、窒素酸化物の削減を指導し、一九九七年度は六一二の対象事業者のうち五九四事業者が削減計画書を提出した。九八年度は貨物自動車類三〇台以上およびバス五〇台以上の八一〇事業者に対象を広げて削減を指導した。しかし削減効果ははかばかしくなかった。

東京都はさらに低公害車への転換を進めるため三、四台以上のトラック所持者に「窒素酸化物削減計画表」を提出させて自主的な転換を促した。この削減計画表には各会社の持つ車の台数、走行量を減らす工夫などを書いてもらい、対策室で各社の排出量削減計画達成度をチェックする方法。

しかし近年、車一台当たりの荷物が小口化している。たとえば製造される商品は従来、工場から小売店へ直接運送されていたが、不況の影響もあり、問屋が運送するように変わり、トラックの台数車の走行量が増えた。宅配の普及がこれに拍車を掛けた。

こうして東京都の汚染物質削減指導にもかかわらず、都内の運送業者の所有車は年間数百台ずつ増え、そのほかの業種のトラック台数と走行距離も伸び、その結果、全体としてディーゼル微粒子と窒素酸化物の排出量がかなり増えた。

一九九七年十一月、東京都はディーゼル微粒子の排出量を減らそうと、市民やドライバーなどに黒煙を大量に出して走行している車のナンバーなどの情報提供を呼び掛ける黒煙監視運動「黒煙NOアクションライン」を始めた。この運動は東京、千葉、神奈川、埼玉の四都県が協力して進める「ぐるっと青空キャンペーン」の一環で、都独自にフリーダイヤルの黒煙車苦情専用ファックスを設けて、苦情の受付を始めた。

都環境保全局自動車公害対策室は、寄せられた車のナンバーをもとに、東京陸運支局の協力で車の所有者を確認したうえ、所有者に対し手紙で黒煙の多量排出への苦情が寄せられたことを伝え、車の定期点検や整備を呼び掛けている。

寄せられた苦情の中で圧倒的に多いのが、ディーゼルエンジンのトラックで、一九八九年式の車がとくに多かった。都には「黒煙監視の仕組みをもっと強化すべきだ」という声も多く寄せられたため、都は国に対し黒煙を出す車についての法的規制を強化するよう要望した。都がこの通報制度のモデルにしたのは、カリフォルニア州の南海岸大気質管理地区の自動車黒煙通報・監視制度。これは黒煙を出している車を住民が通報、これを受けた職員が自動車の保有者に対し、目撃通報があったことを連絡して改善を求め、所有者に改善措置の結果を報告させる仕組みである。

東京都が一九九八年度に実施した大気汚染状況測定結果によると、図10のとおり浮遊粒子状物質の濃度が環境基準を満たした自動車排出ガス測定局（全部で三四局）は一つもなかった。また住宅地などの一般環境大気測定局（四六局）でも、基準を満たしたのは一五パーセントの七測定局にすぎなかった。

東京都はこれまでさまざまな対策を実施してきたが、窒素酸化物も浮遊粒子状物質もあまり削減することができず、より実効性のある、抜本的な対策を実施する必要に迫られていた。

開始されたディーゼル車閉め出し作戦

東京都は一九九九年八月二十七日、「ディーゼル微粒子は呼吸器などに悪影響を与えるのに、ディーゼル車は自動車からの窒素酸化物量の七割、浮遊粒子状物質のほとんどすべてを排出している。ディーゼル車は現状では、東京での利用には適さない」と問題点を指摘、そのうえでディーゼル車NO作戦、すなわちディーゼル微粒子対策に着手する考えを発表、その具体策として次の五項目の提案と九項目のアクションを都民、事業者などに呼びかけた。

【提案】

(1)　都内ではディーゼル車に乗らない、買わない、売らない。ガソリン乗用車と同等の

図10　浮遊粒子状物質の環境基準達成状況

（1）一般環境大気測定局（14.9パーセント）

（2）自動車排出ガス測定局（ゼロパーセント）

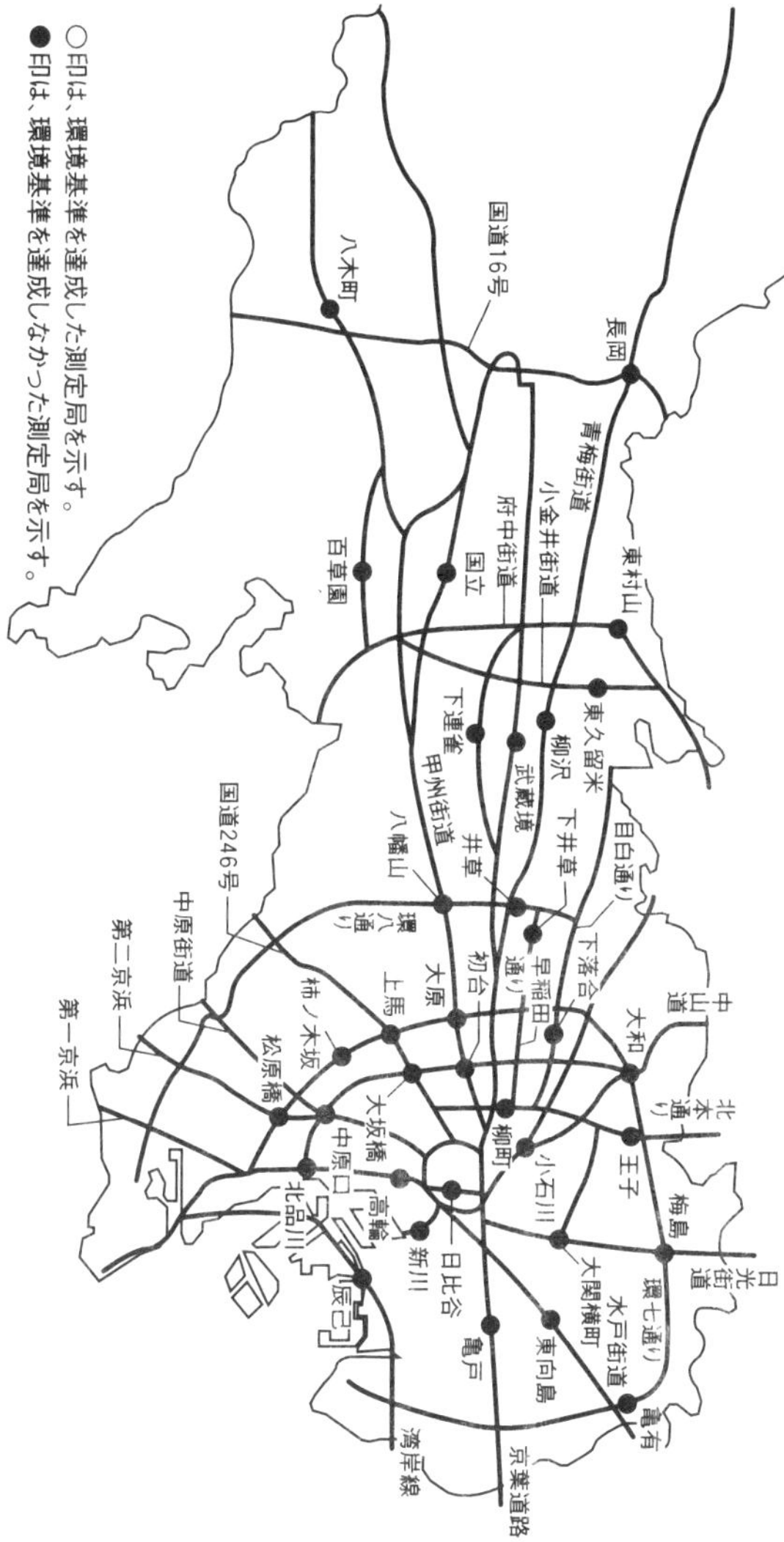

○印は、環境基準を達成した測定局を示す。
●印は、環境基準を達成しなかった測定局を示す。
出所）東京都環境保全局「平成10年度大気汚染状況の測定結果」より

排ガス規制を満たさないディーゼル乗用車は都内の利用にふさわしくありません。

(2) 代替車のある業務用ディーゼル車はガソリン車などへの代替を義務付ける。最大積載量二、三トン車までは、ガソリン・LNG（液化天然ガス）の貨物車が販売されています。最近では、生協がLNG貨物車の導入を積極的に進めるなど率先行動も広がっています。都内のディーゼル貨物車三九万台のうち一八万台は、積載量二トン未満。相当数の代替が可能です。

(3) 排ガス浄化装置の開発を急ぎディーゼル車への装着を義務付ける。大型トラックに関しては、アメリカではLNG車などの代替車の開発も進んでいますが、我が国では今すぐ利用可能なものはありません。実行可能なのは、排ガス浄化装置（DPF）の取り付けです。ヨーロッパでも、二〇〇五年から適用されるEuro4の規制をクリアするためには、DPFの装着が不可避と見られています。

(4) 軽油をガソリンより安くしている軽油引取税の優遇措置を是正する。東京都は今年十月、環境庁と自治省に対し、軽油優遇税制の見直しを要望しました。

(5) ディーゼル車排ガスの新長期規制（平成十九年目途）をクリアする車の早期開発により、規制の前倒しを可能にする。平成十九年から厳しい規制が適用されても、その規制をクリアするディーゼル車が普及するには、さらに十年近くかかります。そんなに長い間、東京の大気汚染の改善を待つことはできません。

この五つの提案を行なった背景として、東京都環境局は『ディーゼル車の真実三つの誤解を解く』と題するパンフレットを作成し、ＰＲした。「誤解」として、環境局が挙げたのは①ヨーロッパでは、ディーゼル車が環境によいという理由で増えているのに、東京都がディーゼル車を規制するのは、世界の流れに逆行している、②ディーゼル車が環境に悪かったのは昔の話。最新のディーゼル車の排出ガスは、きれいで、ガソリン車との違いは、あまりなくなっている、③ディーゼル車をガソリン車に替えたら、燃料費のコスト増で物価がはね上がり、経済が混乱する——の三つである。

東京都環境保全局は「三つの誤解を解く」のパンフレットの中で、三点について、それぞれ次のように説明している。

「誤解①」事実＝ヨーロッパでもアメリカでも、健康影響への懸念からディーゼル車規制の強化が進められている。

ヨーロッパ諸国の中には、確かに地球温暖化対策のためという理由もあって燃費のよいデイーゼル車が増えている国もあります。しかし、一方で、ヨーロッパでもアメリカでも、ディーゼル排出ガスの健康影響への心配が高まっており、規制が強化されてきているのです。

ヨーロッパのディーゼル車排ガス規制は、次々と強化が進められます。とくに、大気汚染への負荷が最も高い大型貨物車の粒子状物質（PM）に対する規制は、将来も日本より厳しい水準が目指されています。日本の一九九八年規制は〇・二五グラム、二〇〇三年規制は〇・一八グラム、二〇〇七年ごろの規制は〇・〇九グラム程度ですが、ヨーロッパの一九九八年規制は〇・一五グラム、二〇〇〇年規制は〇・一〇グラム、二〇〇五年規制は〇・〇二グラムです。

ドイツ環境省は、ガソリン車とディーゼル車の排出ガスがもたらす発がんの危険性に関する比較調査の結果を発表しています。ディーゼル車排出ガスのもたらす発がんの危険性は、ガソリン車の数倍から数十倍高いことを示しています。今年（二〇〇〇年）八月、ドイツ環境省はディーゼル車排ガスの発がんの危険性を減らすために大型貨物車だけでなく、小型貨物車やディーゼル乗用車にも、粒子状物質を除去する装置を導入すべきである、という声明を発表しました。

北欧諸国などでは軽油の品質を改善する努力もなされています。ディーゼル車の燃料である軽油に含まれる硫黄分は、排ガス浄化装置の働きを妨げるので、ヨーロッパ各国で硫黄分を減らす政策が進められています。ヨーロッパ全体では、現在の硫黄分の規制値は、五〇ppmですが、二〇〇五年には、これを五〇ppmにまで引き下げることが決まっています。

ヨーロッパ全体の平均では、確かにディーゼル車が増えていますが、その評価については各国で相当の温度差があるようです。一九九八年の乗用車販売に占めるディーゼル車の割合を見ると、オーストリア、ベルギーは五〇パーセント台、フランス、スペインは四〇パーセント台ですが、イギリスとドイツは一〇パーセント台。デンマーク、スイス、ギリシアは、一桁台です。税制を見ても、ドイツ、デンマーク、スウェーデンは、ディーゼル車にガソリン車より重い自動車税を課しています。

「誤解②」事実＝最新のディーゼル乗用車でも、二十年前のガソリン乗用車よりNOx規制値が高い。

確かに、乗用車でも貨物車でも、ディーゼル車の排ガス規制は厳しくなってきており、それだけ改善されていますが、ガソリン車とは大きな差が残っています。

ディーゼル乗用車の最新排ガス規制値は、未だに二十年前に決まったガソリン車の規制値の一・六倍の高さです。また、ガソリン乗用車には二〇〇〇年から、ディーゼル乗用車には二〇〇二年から適用される新しい規制値どうしで比べると、ディーゼル車とガソリン車の差は、三・五倍に広がります。

貨物車の規制値は、重量別にいくつかに分かれていますが、次期規制値どうしで、ガソリン車とディーゼル車を比較すると、軽量車では三・五倍、中両車では三・八倍、重量車では二・四倍となっており、相当の開きが残ります。

「誤解③」事実＝今回の試算で、ガソリン車に替えられる小型貨物車を代替した場合の影響は宅配便を例にとれば、一個七四〇円の荷物が四円値上がりして、七四四円になるという試算になりました。（現在は代替車がない大型車も含めて全部、ガソリン車にした場合は七七七円になります。）この試算は、ガソリン車などへ代替を進めるという東京都の提案の影響を具体的に論議するきっかけとするために行なったものです。運送業を例にとったのは、最も燃料コスト上昇の影響が大きい業種だと考えたからです。私たちは、経済への影響について、建設的な議論が進むことを期待しています。「別の試算がある」という方は、是非、お知らせ下さい。

東京都環境保全局はこのパンフレットの中で「都民の健康を守るために、ディーゼル車対策の強化が急務」として、その理由について次のように述べている。

「なぜなら、大気汚染の現状はまったなし。二酸化窒素による汚染が改善を見ないとともに、最近、とくに健康影響が注目されるようになった浮遊粒子状物質の環境基準は、都内

読者通信

今回のご購入書名

ご購読ありがとうございました。

◎本書についてのご感想をお聞かせ下さい。

◎本書の誤植・造本・デザイン・定価等でお気付きの点をご指摘下さい。

◎小社刊行図書ですでにご購入されたものの書名をお書き下さい。

購入申込書

小社刊行図書を迅速確実にご入手いただくために、このハガキをご利用下さい。ご指定の書店あるいは直接お送りいたします。直接送本の場合、送料は一律三一〇円です。

取次店番線

この欄は小社で記入します。

ご指定書店名

同書店所在地

書名	定価	円
	ご注文冊数	冊

ご氏名

ご住所

☎

［書店様へ］お客様へご連絡下さいますようお願い申しあげます。

郵便はがき

料金受取人払

本郷局承認

45

差出有効期間
2001年5月
3日まで
郵便切手は
いりません

113-8790

117

(受取人)
東京都文京区本郷
二-二七-五
ツイン壱岐坂1F

緑風出版 行

ご氏名

ご住所 〒

☎ (　　　　)　　　E-Mail:

ご職業/学校

本書をどのような方法でお知りになりましたか。

1.新聞・雑誌広告（新聞雑誌名　　　　　　　　　）
2.書評（掲載紙・誌名　　　　　　　　　）
3.書店の店頭（書店名　　　　　　　　　）
4.人の紹介　　　　5.その他（　　　　　　　　　）

ご購入書名

ご購入書店名　　　　　所在地

ご購読新聞・雑誌名　　　このカードを送ったことが　有・無

ほとんどの地点で達成できていません」

次にガソリン車よりディーゼル車の方が、地球温暖化の原因物質である二酸化炭素の排出量が少なく、ガソリン車を増やすことに疑問を持つ人がいることについて、同局はこう説明している。

「都民の健康を守ることも、地球温暖化の防止も、二者択一にはできない、東京の環境政策の重要な課題です。私たちは、東京の現実に立脚した、東京に最もふさわしい方法で、この二つの困難な課題に挑んでいきます」

「『ディーゼル車NO作戦』は『代替可能なディーゼル車をガソリン車などに転換する』ことを提案しています。これによる都内のCO_2発生量の増加は多めに見て年間九万トン強。東京のCO_2の全発生量は一六二七万トンですから、その〇・六パーセントに当たります。代替によるCO_2の増加は、温暖化対策にとって確かに好ましくありません。しかし、CO_2は都市生活のあらゆる方面で発生するものですから自動車交通量自体の削減、省エネ・省資源など、削減するためにとりうる施策、やらなければならない行動は数多くあります。反対に、ディーゼル車対策の強化なしに東京の大気汚染の改善は不可能です。ヨーロッパでも、国民の健康を守るため、ディーゼル車の排ガス規制を強化しています。まして東京の大気汚染は全国でも最も深刻な状況。CO_2削減を理由にディーゼル車を増やすことはできません」

東京都が五つの提案と一緒に都民・事業者に呼びかけたアクションは「議論を進めるアクション」四つと「行動を進めるアクション」五つの計九つ。

【議論を進めるアクション】

① インターネット討論会「ディーゼル、YESｏｒNO」の実施。

② オフライン討論会「激論・ディーゼル車をどうする」の開催。

③ 「ディーゼル車NO！・グリーンペーパー」の連続発行。

④ 大気汚染地図情報システムのインターネットでの公開開始。

【行動を進めるアクション】

① ディーゼル微粒子除去装置の共同開発の実施。

② グリーン配送アンケートの実施。

③ 「ディーゼル黒煙NO！・アクションライン」の開設。

④ 沿道ウォークツアーの実施。

⑤ 低公害な自動車普及のための低利融資あっせんの実施。

都民と業者に呼びかける「ディーゼル車NO作戦」（八月末〜十一月末）のチラシには都内の大気汚染の実態とディーゼル自動車の問題点が次のように書かれた。

▽改善されていない区部の汚染（都内の大気汚染）＝東京の空気の汚れは、ここ十数年、いっこうに改善されていません。健康な生活を送るために望ましい水準として決められた、二酸化窒素や浮遊粒子状物質の環境基準達成率は、低いレベルで横ばい状態が続いています。

▽空気中に含まれる汚染物質（大気汚染の実態）＝窒素酸化物は長期的な影響として呼吸器に対する害があります。また目やのどに痛みを引き起こす光化学スモッグの原因にもなります。浮遊粒子状物質（ＳＰＭ）は大気中に浮遊している微粒子。ディーゼル車排ガスから放出されるＳＰＭには呼吸器に害を及ぼすものがあり、また発がん性などを示す研究もあります。炭化水素は炭素酸化物と反応してオキシダント（O_X）を生成し、光化学スモッグの原因となります。ぜん息様症状の有症率と大気汚染との間に何らかの関係を有していることは否定できません（平成九年四月、環境庁「窒素酸化物等健康影響継続観察調査報告」）。

▽窒素酸化物（大気汚染の原因）＝全排出量の七割が自動車、自動車の七割はディーゼル車。したがって、全排出量の約半分はディーゼル車。一九九五年度の都内の窒素酸化物は六万七六〇〇トン、このうち自動車の排出量は六七パーセント、四万五〇〇〇トン、これを燃料別にみると、ディーゼル車が六八パーセント、三万四〇〇〇トン、ガソリン・ＬＮＧ車が一万四六〇〇トンです。

▽ガソリン車と比べ、燃料の価格が安く、燃費がよい（ディーゼル車が使われる理由）＝燃料の価格の差額のほとんどは、軽油とガソリンの税額の差。ディーゼル車の経済性は作られた経済性です。

▽環境に対する影響（ディーゼル車の環境性能）＝窒素酸化物では約三倍、浮遊粒子状物質では比較になりません。

九月二十日、東京都はディーゼル車削減対策について都民の意見を聞き、都民参加の議論にするため都のホームページ中にコーナーを設け、インターネット討論会「ディーゼル、ＹＥＳｏｒＮＯ」を開始するとともに、同日夕、都庁内都民ホールで公開討論会「ディーゼル車をどうする！」を開催した。公開討論会には都民のほか、業界団体、学識経験者七人が参加、賛否両論の立場から意見を戦わせた。

都は二つの討論会で出された意見などを参考にして、二〇〇一年度に予定している「東京都公害防止条例」を改正する考えを表明した。インターネット討論会は自治体のインターネットとしては初めての試みだ。

「全日本トラック協会」（会長・浅井時郎）は東京都の「ディーゼル車ＮＯ作戦」について「東京の物流の九〇パーセント以上をトラックが担い、しかもその大半はディーゼル車。ディーゼル車を閉め出せば、物流がマヒし、都民生活や産業活動が成り立たない。大型のディーゼルトラックには代替できる低公害車がない。軽油引取税を増税しても環境問題の改善にはつながらない」と反論、「YESかNOかではなく、コスト負担のあり方も含めた総合的な議論と現実を踏まえた施策の展開を期待する」との主張を同協会のホームページに掲載するとともに、都が行なっている「インターネット討論会」に提出、都民やトラック事業者からの意見や提案を求めた。

十月、都は「東京都公害防止条例」改正案に次の五つの自動車対策を盛り込む方針を明らかにした。

(1) 都独自の低公害車指定制度を導入、国が検討中の基準よりも厳しい基準を設定して優遇税制（地方税）やグリーン購入（環境への負荷の少ない商品やサービスを選んで購入すること）などの施策に活用する。この優遇税制の対象からディーゼル車を外し、ディーゼル車を使用した都への納品などはできなくする。

(2) 販売事業者に「低公害車の販売実績書」、大口の自動車使用・保持者に「低公害車使用計画書と実績報告書」の提出を義務づけ、低公害車への転換を促進する。

(3) 低公害車への転換を促進し、自動車からの窒素酸化物、浮遊粒子状物質の排出削減を指導する。

(4) アイドリング・ストップを義務づけ、長時間アイドリングの常習者へ勧告措置をとる。

(5) ディーゼル車の一部地域での使用禁止など自動車の使用を制限する。

東京都は①軽油の価格が七七円、ガソリンの価格が九四円で、軽油の方が一七円も安いこと、②これはガソリンの税金が五三円八〇銭、軽油のそれが三二円一〇銭で、軽油の方が二一円七〇銭も安いために、軽油の価格がガソリンより安いという逆転現象によるものであること――を問題にし、十月、環境庁と自治省に対し、軽油の価格をガソリンより安くしている優遇税制を早く是正すること、および軽油引取税をガソリンにかかる揮発油税と同じ「蔵出し課税」として軽油にかかる脱税の多発防止と軽油課税の実質的な強化を実現すること――の二点を要望した。

またディーゼル車単体規制の前倒し実施と新たな規制方法の検討、「自動車窒素酸化物排出総量削減法」などの関係法制の抜本的な規制強化、低公害車を大量に普及させる方策の実施――などを求める要望書を運輸、環境、通産などの関係省庁に提出した。

東京都が一九九九年八月末~十一月末に行なった「ディーゼル車NO作戦」は全国的に大きな反響を呼び、期間中に約八三〇件の提案・意見・発言が環境保全局に寄せられ、討論会への総アクセス数は一万三〇〇〇件を超えた。

微粒子除去装置・流入規制・低公害車

東京都は一九九九年十二月、「ディーゼル車NO作戦」の五つの提案に対して寄せられた意見や提案などを踏まえて、次のような「ディーゼル車排ガスに挑む九つの施策」を取りまとめ、その実現を目指すことを決めた。「九つの施策」は「条例化による義務づけ」と「制度改革の早期実現」が各四項目、「長期戦略の確立」が一項目の計九項目である。

【条例化による義務づけ】

①　大型貨物車やバス等へのディーゼル微粒子除去装置（DPF）の装着義務付け。

②　ガソリン車等と同等の排出ガス基準を満たさないディーゼル車の使用制限、代替義務付け。

③　より低公害な自動車の使用促進。

④　自動車に関する環境情報の公開と説明と義務付け。

【制度改革の早期実現】

①　軽油優遇税制の是正。

②　軽油硫黄分規制の強化と新長期規制の前倒し実施。

③　東京の走行実態と乖離した排出ガス試験方法の是正。
④　車検制度の環境面での充実と黒煙規制の強化。

【長期戦略の確立】

燃料電池車やモーダルシフト（トラックやマイカーから鉄道や海運に替えること）をも展望した長期戦略の確立。

東京都は引き続き十二月一日から「ディーゼル車NO作戦」の第二弾を開始し同日、国会内で開かれた政府の「与党三党政策責任者会議」に石原東京都知事が出席、亀井静香自民党政調会長らに対し、軽油脱税規制の強化や軽油引取税の税率をガソリンと同じ税率に引き上げるよう要望した。

東京都は一連のディーゼル微粒子公害対策のうち独自に実施でき、しかもディーゼル微粒子公害の解決に実効性があるのは、大型車やバスなどへの微粒子除去装置の装着義務づけだと判断した。そして二〇〇〇年二月十八日、石原慎太郎知事が記者会見で、「東京都公害防止条例」を改正して、都内を走るすべてのディーゼル車を対象に、二〇〇三年度から段階的にディーゼル微粒子除去装置の義務づけを実施していく方針を明らかにした。

欧米諸国のディーゼル微粒子除去対策を見ると、欧州連合（ＥＵ）ではＤＰＦの装着が二〇〇五年から実施される「Ｅｕｒｏ４」（ユーロ・フォー）という名の自動車排出規制の一環として義務づけられる。また米国でも二〇〇七年ごろから同様の規制を導入するよう提案されている。

都は都環境審議会に「東京都公害防止条例」改正原案の審議を求め、三月末に審議会がまとめる最終答申にこの装置装着の義務づけを盛り込んでもらい、二〇〇一年四月に条例を改正する方針。都は二年間の猶予期間を置いた後、古い年次の規制適合車から順次、これを実施していく考えだ。

ディーゼル微粒子規制案の骨子によると、東京都はこの除去装置を六五万台（都内登録の四輪車約四二〇万台）にのぼる都内ナンバーのディーゼル車だけでなく、島部を除く都内を走る全ディーゼル車、都外から流入する一日平均約二四万台のディーゼル車などに装着を義務づけるという。

義務づけの実施は排出ガスの規制年次に応じて、一九九八年規制以前の車は二〇〇三年度から、九四年規制車は二〇〇四年度から、現行九八年規制車のうち条例施行前の新登録車は二〇〇五年度から、条例施行後の登録者は二〇〇四年度からとなる。登録後五年間は規制を猶予するので、二〇〇一年三月末に登録した車への規制は二〇〇六年度から実施され、二〇〇六年四月からは全ディーゼル車を規制対象とした。

二月二十一日、東京都は都心部への自動車の流入を抑制し、慢性化している交通渋滞と、これによる窒素酸化物・浮遊粒子状物質汚染を防ぐため、都に乗り入れる車に料金を課する「ロードプライシング」制度を導入する構想を打ち出した。専門チームを設置して基本計画や実施計画づくりに取り組み、実施対象エリアを詰めたうえ、二〇〇三年度を一応の目途に実施を目指すという。

都の構想によると、料金徴収の対象とするのは、原則として道路が混雑する地域に流入する業務用やマイカーなど全車種。福祉関係車両や公共交通機関、タクシーなどの扱いについては今後、検討する。料金は都民、関係業界などへのアンケート結果を参考にして決める。

料金を徴収する時間帯は平日の午前七時〜午後七時を考え、土曜、日曜、祝日、年末年始、お盆は無料にする方針。料金の徴収は料金所のアンテナと、通行車両に装着された機器との間の無線通信により、自動的に徴収する「ノンストップ自動料金収受システム」（ETC）を採用、首都高速道路については公団が全料金所に「収受システム」を設置する計画である。料金を課するエリアについては現在、①JR山手線内側などの鉄道、②都心を囲む環状道路、③多摩川、江戸川、荒川、隅田川などの河川――のいずれかで区切る方法を考えている。

東京都は青島幸男知事時代、都長期構想の柱の一つに「総合的な自動車交通量の抑制策」を据えたことがある。それまで二酸化窒素濃度の高まる冬場、運送事業者などに毎週水曜日、使用する車の台数を抑制するよう要請するなどの対策を実施したが、実効が上がらないため総合的な交通量抑制策を策定し、導入可能な手法で都心部への車の流入規制を目指すこととした。今度の「ロードプライシング」制度の導入構想は都長期構想に盛られた流れに沿うものである。

三月三十一日、東京都環境審議会は「東京都公害防止条例」の改正のあり方に関する答申をまとめ、都に答申した。答申はディーゼル微粒子除去装置の装着について、次のような対策を求めている。

(1) 知事が認める排出ガス低減装置を装着していないディーゼル車の運行を禁止する。また、知事が定める浮遊粒子状物質の排出基準を満たすディーゼル車は、規制対象から除外する。

(2) ディーゼル車を使用する都民、事業者、物流施設管理者から排出ガス低減装置の装着状況などの報告を求める。

しかし、この対策には①試作段階の二〇〇〇年二月現在、二〇〇～三〇〇万円するといわれる除去装置の価格が実施までに普及可能なレベルまで下がるか、②除去装置を装着しているかどうかをどう見分けるか、③都外から都内へ流入する車への装着をどう徹底、取り締まるか、④都単独で装置の装着を義務付けて、効果が期待できるのか――など難しい問題があった。

七月二十八日、環境庁、運輸省、通産省で構成される「ディーゼル車対策技術評価検討会」（座長・斎藤孟・早稲田大学名誉教授）は「ディーゼル微粒子除去装置をすべてのディーゼル車に装着できる状況にない」とする中間報告をまとめた。中間報告によると、三月から実施してきた国内外四種類の除去装置の性能調査や実験の結果、とりつけ場所がなかったり、長時間、高速で走行すると、装置がうまく働かなかったりしたという。これを受けて中央環境審議会の大気・交通公害合同部会が「今後の自動車排出ガス総合対策中間報告」でも、微粒子除去装置をすべての車に装着する計画については同様の判断を示した。

同合同部会は「装着可能な除去装置のうち、効果の優れたもの」については「装着に対する優遇措置を付与することは有効である」と評価した。このため運輸省は装着が可能で、しかも粒子状物質の低減効果が高い車種に対しては早急に対応できるよう補助制度を新設することを決め、八月、トラックやバスを保有する運送業者がディーゼル微粒子除去装置を取りつける際は自治体負担分と合わせて半額を補助する予算として、二〇〇一年度政府予算の概算要求に二億五〇〇〇万円を盛り込んだ。除去装置の価格はバス用が約七〇～二四〇万円、トラック用が約五〇万円から一〇〇万円程度。運輸省の計画では国がこの費用の四分の一、自治体が四分の一を負担し、残りを車の保有者自身が負担する。対象となるバスは約九万台、トラックは約一七万台である。

東京都は十月三日、中央環境審議会の大気・交通公害合同部会が七月に取りまとめた「ディーゼル車対策技術評価検討会中間報告」を批判する意見書を同部会に提出した。意見書は中間報告がすべてのディーゼル車に微粒子除去装置の装着を義務づける東京都の施策について「適当ではない」と指摘したことを「容認しがたい」と批判、小型貨物車の猶予期間を八年前後とするよう提言したことについては「猶予期間が長すぎる」と装着の義務化へ国が積極姿勢で取り組むよう求めた。

微粒子除去装置の装着に国の支援・協力が得られそうにないため、都は当面、関連法令を改正して車検制度などを通じての除去装置装着義務付けを国に求めていく方針を決めた。都が要望する規制方法は「自動車窒素酸化物排出削減法」の車種規制に排出ガスの微粒子の項目を設け、基準を満たさない車には車検証を交付しないというものである。すでに使用している車には新車に対する最新規制値の一段階前の排出基準を適用する。都はこの方法により、都内に流入するディーゼル車の八割を規制できると踏んだ。

東京都は「東京都公害防止条例」の改正案に車の駐停車時にエンジンをこまめに止める

「アイドリング・ストップ」を義務づけたが、アイドリングによって、どのくらいの窒素酸化物や浮遊粒子状物質が出ているのだろうか。東京都環境科学研究所が、板橋区大和町の交差点では信号待ちの時間が平均一二二秒、かりにこの交差点ですべての車がエンジンを止めればここで出る窒素酸化物の排出量を六パーセント減らせることになる、としている。

だがアイドリングをやめても、再びエンジンをかけた時、排出される窒素酸化物の量は二二秒間のアイドリング（ディーゼル車とガソリン車の平均）で出る量に相当することが分かった。このため民間団体の「アイドリング・ストップ運動推進会議」（議長・羽倉信也世界自然保護基金日本委員会会長）は停車すると予想される時間がディーゼル車なら二〇秒強、ガソリン車なら一分以上と予想される場合にはエンジンを停止することを勧めている。

東京都内の全交差点で出る窒素酸化物は都内の窒素酸化物排出量全体の四割にのぼると推計されている。アイドリングによる窒素酸化物の排出状況は浮遊粒子状物質、すなわちディーゼル微粒子についてもほぼ同様のことが言えそうだ。アイドリング・ストップについては一九九五年から兵庫県、大阪府、京都府、神奈川県などがそれぞれアイドリング規制を盛り込んだ条例を制定して取り組みを強化した。

「ディーゼル車NO作戦」第二弾の柱の一つである「より低公害な自動車の普及促進」については、東京都が現在の「七都県市指定低公害車制度」より、低公害車普及促進のためのもっと進んだ内容の「東京都指定低公害車制度」（仮称）を設け、事業者には使用計画書、実績報告書提出、販売業者には販売実績報告を義務づける。欧米では低公害の液化天然ガス（LPG）や圧縮天然ガス（CNG）などを燃料とする車が積極的に導入される傾向にあることから、都は燃料スタンドの多角的配置や車両価格の低下など低公害車普及促進のための条件整備についても検討していくという。

東京都は二〇〇〇年六月、ディーゼルエンジンの大型貨物車やバスなどをLNG車やCNG車に代替していくため、自動車ユーザー、メーカー、燃料供給実務者の三者からなる「新市場創造戦略会議」を設置、代替促進計画の策定に着手した。九月二十五日、東京都と物品納入などの契約を結んでいる業者には、物品搬入のために都庁舎を訪れる際、ディーゼル車を使わないか、都が認めるディーゼル微粒子除去装置の装着を求めることを決めた。二〇〇二年四月から実施するという。

十月二十五日、警視庁交通部は黒煙測定器を搭載した「公害取締検問車」計一〇三台を東京都内の九六警察署、交通機動隊、高速道路交通警察隊に配備し、幹線道路一四カ所で、ディーゼル車の排出ガスの黒煙汚染度の一斉取り締まりを始めた。以後、月二回程度の取り締まりを実施する予定である。

東京都が一九九九年からディーゼル車の使用制限などの規制を検討していることから、

警視庁がその一環として黒煙の取り締まりに乗り出したもので、測定器に付いたホースを車の排気管内に入れ、二から三分で黒煙の汚染状況を測定、規制値を超えていれば道路交通法の「整備不良車両の運転禁止」の規定違反などの容疑に問われ、反則金も科せられる。この黒煙一斉取り締まりは同年一〜九月にも実施、約五四〇台が整備通告や指導警告を受けた。

前出のとおり、東京都が二月、二〇〇三年度からの段階的なディーゼル微粒子除去装置の義務づけ方針を決めたあと、国の「ディーゼル車対策技術評価検討会」が「すべてのディーゼル車に除去装置を装着できる状況にない」とする報告書まとめ、中央環境審議会大気・交通公害合同部会は「効果の優れた除去装置に優遇措置を付与することは有効である」と評価した。

しかし東京都は国の考えに縛られることなく、現行の国の排出ガス規制基準を満たさない車には原則として段階的な除去装置の取り付けか、買い替えを求める方針を堅持し、十二月に改定する公害防止条例にこれを盛り込み、浄化装置を車に装着するバス、トラック業者などに対し、奨励策として二〇〇一年度から補助金を出す方針を決めた。

東京都はさらに「ディーゼル車NO作戦」の一環として、大型ディーゼル車が首都高速道路を走行する場合、これに課税する都独自の新税（地方税）を二〇〇一年四月から導入する方針を明らかにした。十一月三十日、都の税制調査会が提出した答申を受けて決めたもので、首都高速道路に入った大型ディーゼル車に対し、一回について二〇〇～六〇〇〇円を課税することを検討するという。

十二月十五日、ディーゼル車の排出ガス規制を盛り込んだ東京都の「都民の健康と安全を確保する環境に関する条例」（通称・環境確保条例）が都議会本会議で全会一致で可決、成立した。施行は二〇〇一年四月。条例に盛り込まれたディーゼル車規制の主な内容は次のとおり。

(1) 都の基準を超えて粒子状物質を排出するディーゼルトラック、バスなどは、他県から流入する車も含めて走行を禁止する。走行規制は二〇〇三年十月から。

(2) 新車登録後七年間は規制の適用を猶予するが、それを過ぎると、基準を満たさない車は買い替えるか、ディーゼル微粒子除去装置（DPF）を装着しなければならない。

(3) 違反者には五〇万円以下の罰金や氏名公表などの措置を取る。

(4) ディーゼル車を使用している事業所への立ち入りができる。

(5) 路上検査をする自動車公害観察員を設置する。

この条例では、このほか施行規則で、二〇〇〇台以上のディーゼル車を使っている大規模事業者（都内に約一五〇社）に対して、二〇〇五年度末に五パーセントの比率で低公害車

（圧縮天然ガス車など）の導入を義務づけることを検討している。

東京都の一連のディーゼル車公害対策がはずみとなって、埼玉県、川崎市、京阪神六府県市などでディーゼル車対策が検討された。埼玉県知事の諮問を受けてディーゼル車対策のあり方について審議していた「自動車大気汚染対策懇話会」は二〇〇〇年九月、中間報告をまとめ、粒子状物質の明確な排出削減目標値と新車種規制の削減目標量の設定や国の新長期目標値の採用、猶予期間の短縮などを提言した。

また川崎市では四月、環境保全審議会にディーゼル車対策のあり方について諮問、同審議会は九月、緊急対策案を取りまとめて市長に答申した。二〇〇一年中に中長期対策をまとめる予定。緊急対策案の骨子は燃料を軽油から「軽質軽油」に代替していけば、粒子状物質が三割程度削減することが可能であるとしている。問題点は「軽質軽油」は軽油に比べて割高なうえ、生産・供給が安定的に確保できるかどうかであると指摘した。

京阪神六府県市は八月、「京阪神六府県市自動車排出ガス対策協議会」を設立、各種技術評価や排出量抑制実行方策、グリーン配送の共同実施などを検討した。

東京都は本来、国が本腰を入れて取り組むべきディーゼル車公害対策に着手し、都民の支持をバックに国に対応を迫った。対策着手から四カ月後、「尼崎公害訴訟」の一審判決で、神戸地裁が一定限度を超える浮遊粒子状物質の排出差し止めを命じたことはディーゼル車公害対策を進める東京都にとって、またとない追い風となった。

政府与党の自民党と環境庁、運輸省など関係省庁が東京都に突き上げられた格好で、重い腰を上げた。一九七〇年代はじめ、光化学スモッグ事件の発生を機に、美濃部亮吉東京都知事が「光化学反応の原因物質の一つは窒素酸化物。国は自動車排ガス規制を実施して、窒素酸化物の排出を減らすべきだ」として、政府に自動車排出ガス規制の推進を要望したことがある。ディーゼル車公害対策で東京都が環境庁に腰を上げさせた経緯は、この時とよく似ている。

国は東京都に突き上げられるまで、なぜディーゼル車公害対策に力を入れて取り組まなかったのだろうか。

第六章　転換迫られた自動車公害対策

遂に重い腰を上げた環境庁

対策の遅れのために、高濃度の浮遊粒子状物質の汚染に苦しむ兵庫県尼崎市の公害病認定患者が起こした「尼崎公害訴訟」の判決（二〇〇〇年一月三十一日）で、神戸地裁が、国と阪神高速道路公団の責任を明確に認め、一定濃度以上の浮遊粒子状物質の排出差し止めを命じたことは、その前年の一九九九年夏ごろから始まった、東京都独自のディーゼル微粒子公害対策とともに、自民党と環境庁に重い腰を挙げさせる大きな原動力になった。

政府・自民党がこの二大インパクトに突き上げられて、対策に本腰を入れるまでの動きを以下に検証する。

東京都がディーゼル車公害対策に着手してから一カ月後の一九九九年九月二十二日、環境庁は二〇〇七年を目途に実施する予定だったディーゼル車の排出ガス規制を前倒しする方針を決めるとともに、これまで窒素酸化物に偏重していた車の汚染物質排出削減対策を、ディーゼル微粒子と窒素酸化物の排出防止に転換することを決めた。同庁の調べによると、国内の自動車総台数の二割のディーゼル車が、浮遊粒子状物質排出量のほぼ一〇〇パーセント、窒素酸化物排出総量の七五パーセントを占め、大気汚染による呼吸器疾患の大きな原因になっている。

環境庁にはそれまでに決めていた窒素酸化物、浮遊粒子状物質の削減計画があった。その計画は、中央環境審議会（会長・近藤次郎元日本学術会議議長）が一九九八年十二月十四日に取りまとめて同庁に提出した答申「今後の自動車排出ガス低減対策のあり方について」にもとづくもので、ひとことで言えば、短期と長期の二段階規制によってディーゼル車の排出する窒素酸化物と浮遊粒子状物質の排出基準を強化しようという内容である。

この二段階規制の内容は、ディーゼル車の窒素酸化物と浮遊粒子状物質の排出基準を二〇〇二年から二〇〇四年にかけて、現行より二五〜三五パーセント低減する短期目標と、二〇〇七年ごろにはさらにその半分に引き下げる（強化する）長期目標の二つからなる。

このうち短期目標の浮遊粒子状物質に関する規制内容をさらに細かく見ると、二〇〇二年までに小型ディーゼル乗用車は、現行の基準より三五パーセント引き下げて、一キロ走行当たりの浮遊粒子状物質の排出量を〇・〇五二グラム、中型ディーゼル乗用車は同三〇パーセント削減して〇・〇五六グラム。ディーゼルトラック、バスの軽量車は同三五パーセント減の〇・〇五二パーセント、中量車は二〇〇三年までに同三三パーセント減らし〇・〇六グラム、重量車は二〇〇三〜二〇〇四年までに同二八パーセント減の〇・一八グラムとした。この規制の実施によって不完全燃焼によって生じる炭化水素と一酸化水素は一律に七〇パーセント削減される。

いっぽう長期目標は短期目標の二分の一削減を目途に技術開発を進め、二〇〇七年にはこれをクリアする。各車種ごとの具体的な目標値と達成時期は二〇〇二年度末を目途に決める。

同庁はこの答申をもとに長期目標で、エンジン内で軽油が燃焼した時に発生する軽油中の硫黄分を、現行の十分の一程度に低減することとした。軽油中の硫黄分を低減すれば、浄化率の高い酸化触媒の適用が可能になるだけでなく、エンジンを腐食・磨耗させる硫酸の発生の抑制、浮遊粒子状物質の排出を助ける硫酸塩の生成を防げるなどの効果がある。

答申を受けた環境庁は短期と長期という二つの目標に沿って二〇〇二年以降、規制を強化するため、関係省庁と必要な手続きを進め、大気汚染防止法にもとづく基準値を改正する方針を決め、その準備を始めた。

環境庁がディーゼル車の排出する窒素酸化物や浮遊粒子状物質の排出ガス規制の強化、軽油中の硫黄分低減対策の検討・準備を進めていたさなかの一九九九年八月、東京都の石原知事が「ディーゼル車NO作戦」を発表、十月から公開討論会を開催するなどしてディーゼル車対策について都民の声を聞いた。

十一月、環境庁の広瀬省・大気保全局長が東京都庁に石原慎太郎知事を訪ね、微粒子対策について話し合った。席上、広瀬局長は補正予算でディーゼル微粒子除去の研究費を確保したことを伝えると、石原知事は「研究の成果を早く出して欲しい」と要望。広瀬局長は「東京都と協力してディーゼル微粒子汚染防止対策を推進したい」と語った。

二〇〇〇年一月三十一日、ディーゼル微粒子を中心とする浮遊粒子状物質の一定限度を超す排出の差し止めを命じる画期的な「尼崎公害訴訟」判決が出た。裁判所が判決で一定限度を超える大気汚染物質の排出差し止めを命じたのは初めてとあって、関係行政当局はもちろん、一般市民にも衝撃を与えた。

すかさず石原東京都知事が二月三日、「東京都は都民の健康を守る努力をしてこなかったという不作為の責任がある。都自らの責任を認めた上で、国の責任を問うべきだ」と自動車排出ガス公害に対する行政の責任を認め、さらに十八日の記者会見で都内を走るすべてのディーゼル車にディーゼル微粒子除去装置の装着を義務づける方針を明らかにした。

二十一日、東京都は都心部の大気汚染状況を改善するため、都心に乗り入れる自動車に料金を課す「ロードプライシング」制度を二〇〇三年度から実施する方針を明らかにした。ディーゼル微粒子害公害に関する限り、国と東京都の主導権は完全に逆転した。

四月二十七日、自民党の「自動車排出ガスプロジェクトチーム会議」（座長・亀井善之議員）は国が実施すべき当面の課題を整理し、次の施策の実施を求める中間報告を取りまとめた。

(1) 二〇〇七年度を目途に実施する予定だった、前述のディーゼル車排出ガス規制のうちの新長期規制の実施を二年程度前倒しして二〇〇五年度とし、それに必要な自動車および燃料の技術開発、低硫黄軽油を供給できるよう所要の措置を取る。

(2) ディーゼル自動車に起因する窒素酸化物排出量の低減対策を強化し、新たに浮遊粒子状物質排出対策を実施するため現行の「自動車窒素酸化物総量削減法」を見直し、来年(二〇〇一年)の通常国会に改正案を提出する。

とくに、排出ガス規制を強化すべき「削減法」の対象地域では、最新規制車への転換、またはこれに代わる粒子状物質除去装置の装着を求める。技術開発過程にある粒子状物質除去装置については、その適用可能性、有効性等を見極めるため、政府にその評価を行なわせ、その結果を踏まえて今年夏ごろを目途に具体的な取扱いを決定する。

(3) これらの施策の実施に当たっては、技術開発の着実な促進および規制強化に伴って、ユーザー等の関係者の負担が過重にならないよう、税制、補助、債務保証等強力な支援、誘導措置を国や自治体が講ずる。

(4) 幹線道路交通の分散や円滑な交通の確保により、窒素酸化物や浮遊粒子状物質の排出量が大きく削減できることから、幹線道路ネットワークの拡充や交差点の立体交差化等のボトルネック対策を一層推進する。また交通管制の高度化を推進し、大型車を始めとする自動車交通流の分散、誘導等により、その円滑化を図る。
(5)　以上のほか、ディーゼル車点検整備の着実な実施を促し、違法改造車の排除対策を強化すること、クリーンエネルギー自動車・低公害車普及の一層の普及を図るため、所要の施策を講ずる。

環境庁はこの自民党の方針をもとに七月中旬、ディーゼル微粒子排出規制の大幅な強化策を盛り込んだ「自動車窒素酸化物総量削減法」の改正案を、二〇〇一年の通常国会に提出する方針を決めた。この改正案は窒素酸化物を多く排出するディーゼルの小型トラックはガソリン車に、大型トラックは最新型トラックに転換させることを主眼としている。

環境庁は一九九三年十二月施行の「自動車窒素酸化物総量削減法」にもとづき、東京都、神奈川県、大阪府の三都府県の窒素酸化物高濃度汚染地域を「特定地域」に指定し、三都府県の「総量削減計画」を策定してもらい、窒素酸化物を多量に排出するディーゼルトラックをガソリン車などに代替させるなどの対策を実施した。

この法律の「基本方針」では、国は同法で規定される特定地域で二酸化窒素の環境基準を二〇〇〇年度までにおおむね達成することを目標として掲げた。

しかし、この目標の達成は到底できないことがはっきりした。「二〇〇〇年度には環境基準を達成する」という公約は守れず、特定地域の環境基準達成率は三〜四割台、浮遊粒子状物質の環境基準達成率は一から五割と低いレベルに留まっている。二〇〇〇年三月、環境庁の「自動車窒素酸化物総量削減方策検討会」がまとめた報告書は「これまでの対策だけでは環境基準の達成は困難」と述べ、目標が達成できなかった理由として、主に次の三点を挙げた。

(1) 東京、大阪などの自動車保有台数が約二割増えたうえに、トラックなどがガソリン車からディーゼル車に変わり、しかも大型化が進んだこと。

(2) 特定地域内の自動車走行量が約一割増加し、削減効果が減殺されたこと。

(3) 約三〇万台と見込んでいた電気自動車、ハイブリッド車などの低公害車の普及が一万台程度に留まったこと。

日本、欧州連合(EU)、米国の総重量三トン程度以上の重量車に対する規制値を現時点で適用されているものから、招来、予定されているものまでを比較してみよう。

図11および表2に示されているとおり、二〇〇〇年の時点では、一キロ走行当たりの浮遊粒子状物質は日本の総重量二・五トン以上の重量車が〇・二五グラム、欧州連合の同三・五トン以上の重量車〇・一〇グラム、米国の同三・八六トン以上の重量車〇・一三四グラムで、日本の現行規制値は欧州連合の二・五倍、米国の二倍弱。また二〇〇七年以降

図11　重量車の粒子状物質排出規制値の推移

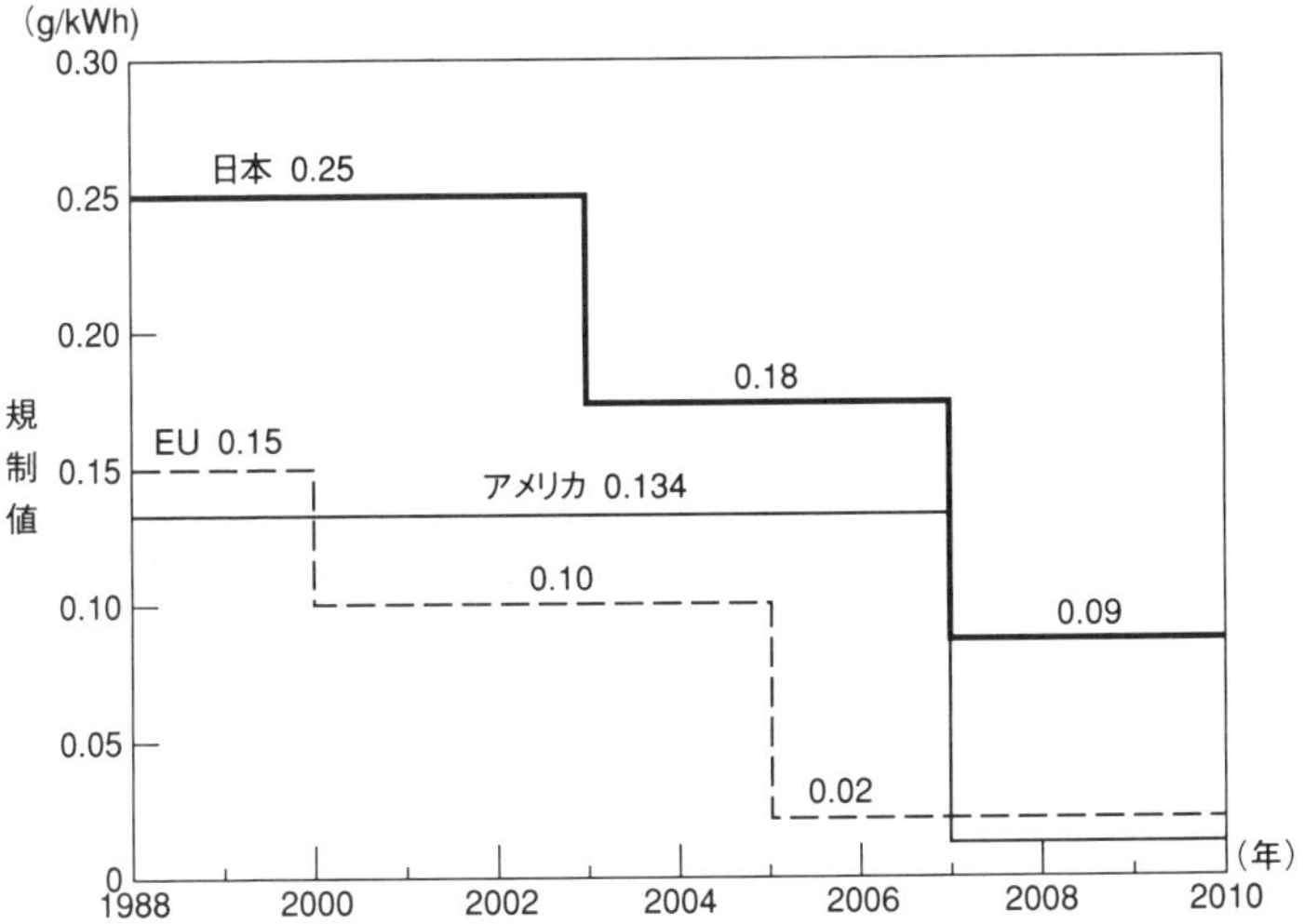

出所）東京都環境局『東京環境白書2000』(2000年)25頁。

の招来の規制値を比べて見ても、日本の規制値が最も緩い数値である。

先に述べたとおり、環境庁は二〇〇〇年二月、それまでの窒素酸化物中心だった大気保全行政を浮遊粒子状物質と窒素酸化物の二物質重視に転換したが、同年七月、これにもとづき「自動車窒素酸化物総量削減法」を次のように改正することを決めた。

(1)　新たな規制対象物質として発がん性など健康影響が指摘されている浮遊粒子状物質を加え、現行の窒素酸化物だけの規制から浮遊粒子状物質と窒素酸化物の二物質の規制に変える。

(2)　事実上クリアできないガソリ

ン車並みの厳しい規制の適用を現行の車両重量二・五トン以下の中型ディーゼルトラックから三・五トン以下の中型ディーゼルトラックに拡大、これによって新たな販売を実質的に禁止する。すでに使われている車は猶予期間終了後、走れなくする。

一九九三年に施行された「自動車窒素酸化物総量削減法」では対象地域内で登録される車両重量二・五トン以下のディーゼル車（乗用車を除く）は現行のガソリン車並みの規制値を適用、二・五トンを超えるディーゼル車は最新規制値を満たす車への買い替えを義務づけている。

(3) 大型ディーゼルトラックも、猶予期間の後に、二〇〇五年から出始める最新規制車に代替させる。

(4) ディーゼル乗用車にもガソリン車の一九七八年規制を適用し、事実上、ディーゼル乗用車を禁止する。

(5) 車を三〇台以上持つ事業者に走行量の削減や排出ガスの少ない車への転換によって、窒素酸化物と浮遊粒子状物質を削減する計画を国と自治体に提出することを義務づける。

(6) 対象となる「特定地域」を現行の東京都、神奈川県、埼玉県、千葉県、大阪府、兵庫県の六府県に、群馬県、栃木県、愛知県、京都府の四府県を加えて一〇都府県に拡

表2　ディーゼル自動車の排出する粒子状物質規制値の国際比較

（単位：g/kWh）

ディーゼル乗用車		
日本		
長期規制（1997,98）		0.08
新短期目標（2002）	EIW ≦ 1.25t	0.052
	EIW ＞ 1.25t	0.056
新長期目標（2007→2005メド）		新短期目標1/2程度を目標に技術開発を推進
米連邦		
Tier 1（1996）		0.050 0.063
Tier 2（2004から段階適用）		0.0125 0.0125
欧州		
EURO2（1996）	直噴式	0.10
	副室式	0.08
EURO3（2000）		0.05
EURO4【2005】		【0.025】

ディーゼル重量トラック・バス		
日本（車両総重量2.5トン超）		
長期規制（1997,98,99）		0.25
新短期規制（2003,04）		0.18
新長期規制（2005メド）		新短期目標の1/2程度を目標に新技術開発を推進
米連邦（車両総重量3.86トン超）		
Tier 1（1998）		0.134
Tier 2（2004）		0.134
（2007）EPA提案		0.013
欧州（車両総重量3.5トン超）		
EURO2（1995）		0.15
EURO3	定常モード	0.10
	過渡モード	0.16
EURO4	定常モード	【0.05】
	過渡モード	【0.03】

（注）各国：地域で最も重量の大きい区分の規制値を比較。EURO4はEU議会の提案値で、未定。

出所）図11と同じ。

大する。

(7)　二〇一〇年の環境基準達成を目標とし、二〇〇二年の施行を目指す。施行の五年後に削減対策の効果を点検し、必要な見直しを行なう。

環境庁は「自動車窒素酸化物総量削減法」の規制が二〇〇二年四月に実施された場合、同法の対象となる東京、大阪など大都市圏の六都府県で削減される微粒子の排出量は採用する規制方法によって幅があるが、二〇〇五年には規制しなかった場合の二〇～三六パーセントに当たる年間一四〇〇トン～二五〇〇トンになるとの予測を明らかにした。

環境庁は二〇〇一年四月、中央環境審議会に改正すべき内容について諮問した。同審議会の大気・交通公害合同部会は「自動車窒素酸化物総量削減法」の改正について審議、ディーゼル乗用車を同法の規制対象に加え、窒素酸化物の規制値を満たさないディーゼル乗用車は車検を通らなくするよう求める最終報告をまとめ、川口順子環境庁長官に答申した。

現在、市販されているディーゼル乗用車で、この規制値を満たしている車はないが、改正総量削減法が制定されれば、対象地域では規制値を満たさないディーゼル乗用車の新たな所有は事実上できなくなる。特定地域以外で登録されているディーゼル乗用車なら、この基準を満たしていなくても特定地域を走ることができる。

特定地域の登録車で、基準を満たしていなくとも乗れる猶予期間は東京都の「環境確保条例」が一律七年としているのに対し、答申では車両総重量三・五トン以下が八年、三・五トンを超える車が九年、バスが十二年とされた。これを受けて環境庁は同法改正案を作成して二〇〇一年の通常国会に提出、二〇〇二年春の施行を目指す。

しかし肝心の窒素酸化物に規制値については、環境庁が先に決めていた「走行一キロ当たり〇・〇八グラム」という窒素酸化物の規制値に対し、欧州連合（ＥＵ）の欧州委員会事務局と欧州自動車工業会から「厳し過ぎて乗用車が販売できなくなる恐れがある」という中入書が同庁に送られてきた。このため環境庁は当初の規制値を約三倍緩い同〇・二五グラム（ガソリン乗用車の旧基準）に緩める方針を決めた。これに対し日本自動車工業会は当初案どおりの規制値を要望、なお曲折が予想される。

審議会報告にみる現時点の技術

環境庁長官の諮問にもとづき、技術的な側面から「今後の自動車排出ガス低減対策のあり方」を審議していた中央環境審議会大気部会が二〇〇〇年九月二十五日、審議結果をまとめ、第四次報告を同長官に提出した。

この第四次報告は「ディーゼル自動車とディーゼル特殊自動車の排出ガス低減対策を推進する必要がある」とし、①ディーゼル新長期目標の達成時期は一九九九年十一月に策定された二〇〇七年を二年前倒しして、二〇〇五年までとする、②浮遊粒子状物質は新短期目標の二分の一程度よりもっと低い目標値にすることを検討する必要がある、③当面、軽油中の硫黄分低減の目標値を現行の五〇〇ｐｐｍから、その一〇分の一の五〇ｐｐｍとし、二〇〇四年末までに達成を図ることが適当である、④ディーゼル特殊車に対する規制適用時期は一年前倒しして二〇〇三年からとし、黒煙については許容限度設定目標値を新設、その数値を四〇パーセントとする――という内容である。以下に、これらの報告の要旨と関係省庁の対応をみよう。

【ディーゼル新長期目標の早期達成】

ディーゼル新長期目標は中央環境審議会の第四次答申で「ディーゼル新短期目標の二分の一程度」とされた。これを達成するためには従来のエンジンの燃焼改善による対応に加え、「排気後処理装置」を採用することが必要である。

ディーゼル新長期目標を達成するための「排気後処理装置」としては、現在既に実用化されている酸化触媒に加え、連続再生式のディーゼル除去装置や「窒素酸化物還元触媒」などが有望である。

ただし、これらの技術は、現行の軽油中硫黄分の許容限度である五〇〇ｐｐｍのレベルでは触媒の被毒などによって十分に機能できない。ディーゼル新長期目標を達成するためには、軽油中の硫黄分の低減が必要不可欠となる。

連続再生式のディーゼル微粒子除去装置は近年、欧州を中心に適用され、開発が進んでいる。これらは排気温度や排出ガス中の窒素酸化物と粒子状物質などの制約条件および耐久性などの面で解決すべき課題も残されてはいるが、大幅な粒子状物質の削減が可能である。またディーゼル微粒子除去装置に附属した酸化触媒の作用により、炭化水素、一酸化炭素のほか、有害大気汚染物質も削減である。

ディーゼル自動車の「窒素酸化物還元触媒」は還元剤として軽油を添加する方式のほか、尿素を添加してさらに大幅な窒素酸化物低減効果の得られる方式についても開発が進められている。これらはガソリン自動車用に実用化されている「窒素酸化物還元触媒」を利用して、窒素酸化物と粒子状物質を同時に現行の規制値より約八割除去できるという新たな技術が現われるなど近年、開発が急速に進んでいる。現時点では、この技術は中型貨物車程度までのディーゼル車に対しても適用できるよう、技術開発が進められることが期待される。

本委員会は「排気後処理技術の開発状況と今後の発展の可能性を踏まえ、技術的な評価を行なった結果、第三次答申で二〇〇七年を目途としたディーゼル新長期目標を可能な限り早期に達成すること、およびディーゼル新長期目標の達成時期に併せて、軽油中の硫黄分を低減することが適当である」との結論を得た。

【ディーゼル新長期目標の達成時期】

自動車メーカーに対するヒアリングなどを通じて、各車種ごとに技術的な検討を行なった結果、ディーゼル新長期目標については設計、開発、生産準備などを効率的に行なうことにより、二〇〇五年までに達成を図ることが適当である。

具体的な目標値については、今後の技術開発の動向を踏まえ、現行の排出ガス試験方法を見直す場合にはそれをもとに、二〇〇一年度末を目途に決定することが適当である。その際には、ディーゼル微粒子のリスク評価の結果を踏まえ、ディーゼル微粒子を新短期目標の二分の一程度よりもさらに低減した目標値とすることについて検討する必要がある。

日本自動車工業会は自主的対応として二〇〇三年〜二〇〇四年にかけて粒子状物質の排出量をディーゼル新長期目標レベルに低減した自動車を市場に供給開始することを表明している。同工業会においては、この取り組みが十分効果を上げるように、適切に実施することが望まれる。

【軽油中の硫黄分低減目標値】

ディーゼル新長期目標を達成するために、現段階で有望な技術である「連続再生式ディーゼル微粒子除去装置」および「窒素酸化物還元触媒」などは、現行の軽油中の硫黄分の許容限度である五〇〇ｐｐｍレベルでは、触媒の被毒などによって十分に機能しないことが分かっており、また軽油を低硫黄化することにより、硫酸塩が生成しにくくなり、粒子状物質が低減することから、軽油中の硫黄分を低減することが必要である。

しかし、わが国の原油の相当部分を依存している中東原油には硫黄分が多く、軽油中に残留した硫黄化合物には脱硫の困難な物質が多いことや、原油中の低硫黄の留分は、暖房に不可欠な灯油に充当しなければならないという、わが国の特殊事情にも留意する必要がある。このため低硫黄化には高度な技術が必要である。現在の技術レベルでは五〇ｐｐｍのレベルまで低減することが限界で、それ以上の低硫黄化には新たな技術開発に相当の時間・費用が必要となる。

したがって早急にディーゼル新長期目標を達成する必要性を考慮すると、当面、軽油中の硫黄分の許容限度設定目標値を五〇ｐｐｍとすることが適当である。

【軽油中の硫黄分目標値五〇ｐｐｍの達成時期】

ディーゼル新長期目標を可能な限り早期に達成するためには、低硫黄化は可能な限り早く実現させる必要がある。軽油中の硫黄分を五〇ｐｐｍとする許容限度設定目標値については、設備設計および改造工事などを効率的に行なうことにより、二〇〇四年までに達成を図ることが適当である。

石油連盟は自主的対応として、粒子状物質の排出量を新長期目標レベルに低減した自動車が二〇〇三年～二〇〇四年にかけて市場に供給される際に、低硫黄軽油を部分供給することを表明している。この取り組みがじゅうぶん効果を上げるように、適切に供給体制が整備され、可能な範囲で市場の軽油に含まれる硫黄分の実勢が低減されることが望まれる。

【ディーゼル特殊自動車（クレーン車、ブルドーザーなどの建設機械やフォークリフトなどの産

業機械、トラクターなどの農業機械）の排出ガス低減目標の早期達成】

技術評価を踏まえた検討の結果、ディーゼル特殊車（軽油を燃料とする大型特殊自動車および小型特殊自動車）は一部で規制レベルに対応した車両が生産されているため、排出ガス低減目標を可能な限り早期に達成すること、およびディーゼル黒煙については規制導入に併せて目標値を達成することが適当であるとの結論を得た。

クレーン車ディーゼル特殊自動車の排出ガス低減目標については、業界団体に対するヒアリングの結果、目標を達成するための技術の実用化が早期に期待できることが分かった。このため二〇〇三年までに目標値の達成を図ることが適当である。

【ディーゼル黒煙の許容限度と達成時期】

ディーゼル特殊自動車の黒煙については、当面の許容限度の設定目標値を四〇パーセントとし、この目標値は二〇〇三年の規制導入に併せて、その達成を図ることが適当である。この目標値は当面の低減目標であり、今後とも排出ガス低減技術の開発状況を見極めつつ、適宜排出ガス低減目標を見直すことが必要である。

【今後の自動車排出ガス低減対策の検討課題】

(1) ディーゼル新長期目標については、ディーゼル新短期規制への対応状況、技術開発の進展の可能性、各種試験結果および対策の効果を見極め、具体的な目標値について可能な限り早期に設定する。その際、ディーゼル微粒子のリスク評価を踏まえ、粒子状物質をより重視した目標値にすることについても検討する。

(2) ディーゼル自動車については、ディーゼル新長期目標にもとづく規制の対応状況、技術開発の進展の可能性および各種対策の効果を見極め、必要に応じて新たな低減目標について検討する。

(3) ガソリン新長期目標については、ガソリン新長期目標にもとづく規制への対応状況、技術開発の進展の可能性、各種試験結果、および対策の効果を見極め、具体的な目標値、達成時期などを可能な限り早期に設定する。

(4) ディーゼル自動車およびガソリン・LPG車の排出ガス試験方法については、走行実態調査など所要の調査を行ない、その結果を踏まえ、試験方法の見直しについて必要性も含め可能な限り早期に検討する。

(5) 二輪車については、必要に応じて新たな低減目標について検討する。

(6) ディーゼル特殊自動車のうち定格出力が一九～五六〇キロワットのものは必要に応じて新たな低減目標について検討する。また現在排出ガス低減目標が設定されていない定格出力が一九キロワット未満のもの、および五六〇キロワット以上のもの、ガソリン・LPG特殊自動車については、必要に応じて排出ガス規制の導入を検討する。

(7)　以上の課題についての検討および対策の実施に当たっては、わが国の環境保全上、支障がない範囲で、可能な限り基準などの国際調和を図ることが肝要である。

以上の提言のうち「ディーゼル自動車の排出ガス低減目標の早期達成」に関連して、運輸省と建設省が八月、道路運送車両法上の自動車の定義から外れているうえ、縦割り行政のエアポケットになっていたため、微粒子や窒素酸化物の排出規制が実施できずにいたディーゼル特殊自動車について、二〇〇二年から規制する方針を決めた。

クレーンやブルドーザーなどの特殊自動車の台数は自動車総台数のわずか四パーセント程度の約三〇〇万台にすぎないが、特殊自動車から排出される粒子状物質は一割、窒素酸化物の三割を占めている。

ディーゼル特殊自動車がこれほど多くの汚染物質を出しながら、規制が実施されなかったのは、それが省庁間のエアポケットにあって所管官庁がはっきりせず、規制の網から洩れていたためである。二〇〇一年一月から建設省と運輸省が国土庁、北海道開発庁とともに国土交通省に統合・再編されることになり、これを機にディーゼル特殊自動車の排出規制がようやく実施されることになった。

中央環境審議会大気部会の自動車排出ガス専門委員会は、第四次報告書の中で、必要な排出ガス低減対策について踏み込んだ検討をした理由について次のように述べている。

「平成十二年（二〇〇〇年）一月三十一日には、浮遊粒子状物質と健康被害との因果関係を初めて認容する神戸地方裁判所の尼崎公害訴訟第一審判決が出され、また地方自治体がディーゼル微粒子除去装置（DPF）の装着を義務付ける規制の提案を行なう等、DPFに対する関心が昨今急速に高まっている」

「またDPFについては、その発がん性や気管支ぜん息等との関連が懸念されているため、環境庁では、検討会を開催し、DPFのリスク評価を実施しているところであり、平成十二年（二〇〇〇年）九月に出されたその中間報告において、『当検討会では、これまでの知見を総合的に判断して、DPFが人に対して発がん性を有していることを強く示唆していると考える』との見解が示されている。従って、本委員会では、ディーゼル自動車の排出ガス低減対策の一層の強化推進を図っていく必要があるとの認識に立って、必要な排出ガス低減対策について検討を行なった」

軽油中の硫黄分低減と低公害車

東京都の「ディーゼル車NO作戦」によって、ディーゼル微粒子排出低減策の強化を迫られ、さらに「尼崎公害訴訟」一審判決で、裁判所が一定限度を超えるディーゼル微粒子の排出差し止めを命じたことは、石油業界と自動車業界の双方に大きな衝撃を与えた。両業界としても実効ある微粒子排出削減対策を推進せざるを得ない状況に追い込まれたのである。

それまで両者は、排出ガス規制に対応するディーゼル微粒子除去装置の技術開発をめぐって考えが対立していた。自動車工業会は「微粒子の除去はフィルターよりも触媒を使う方がコスト的にも安い。その触媒の機能を高めるためには軽油に含まれる硫黄分を現行の五〇〇ｐｐｍから九〇パーセント減の五〇ｐｐｍに削減することが必要である」と主張し、石油連盟に対し、硫黄分の低減を要望してきた。

これに対し、石油連盟は①硫黄分を低減するためには、脱硫装置の設備投資に多額の費用（五〇〇〇～六〇〇〇億円と言われている）を要する、②自動車を生産する側の技術革新が遅れている――として、低減に難色を見せていた。確かに日本が輸入している原油は欧州の原油と比べて硫黄分が多く、低減に要するコストが高くなる。

二〇〇〇年二月二十二日、清水嘉与子環境庁長官が日本自動車工業会の久米会長と石油連盟の岡部会長の両トップを呼び、軽油中の硫黄分の早期低減や、国が実施する規制の前倒しなどへの協力を要請した。

ディーゼル微粒子公害が社会問題化したうえ、清水環境庁長官が自動車工業会に対して技術開発を、また石油連盟には硫黄分の低減を要請したことから、自動車工業会と石油連盟は協議した。その結果、今後は両者が抱える共通の課題であるディーゼル車の排出ガス低減問題の解決のため、軽油中の硫黄分削減に関する共同研究などを積極的に実施していくこととなり、三月十六日、そのことを発表した。

石油連盟の発表内容は次のとおりである。

［ディーゼル自動車排出ガス低減への今後の取り組みについて］

石油連盟は㈳日本自動車工業会と、ディーゼル自動車の排ガス低減対策の緊急性及び社会的要請に応えるため、両業界が密接な連携をとることでより効果的な対策が可能となるよう、現状において最大限の努力を傾注することとする。

ディーゼル自動車の排出ガス対策、とくに排出ガスに含まれる粒子状物質（ＰＭ）の低減に関しては、相互に協力して、以下の対策の実現に向けて積極的に取り組むこととし、関係する省庁、地方自治体、事業者等に協力をお願いする。

⑴　二〇〇七年（平成十九年）頃とされているディーゼル自動車のＰＭに関する、排出ガス低減の新長期規制の早期実施については、ＰＭ低減対策を講じたディーゼル自動車

の開発、市場投入に合わせて低硫黄化された軽油を供給することにより、積極的に対応する。

(2) また規制実施に先駆けたＰＭ低減対策についても検討を行ない、自主的取り組みとして連続再生式ＤＰＦ（ディーゼル微粒子除去装置）等の恒久的ＰＭ削減技術を採用したディーゼル自動車の順次優先市場投入に対して、低硫黄軽油の部分供給を図ることとする。

なお販売車における排出ガス低減の対応については、販売車のユーザーがＰＭ低減対策を講じられるようユーザーニーズを踏まえた販売車に対するＰＭ低減対策を自動車業界が行なうこととしている。

石油連盟は二〇〇〇年四月、作成した『軽油の低硫黄化Ｑ＆Ａ』の中で、同連盟としての立場と対策に取り組む方針を要旨次のように述べている。

(1) 石油業界では軽油の低硫黄化に積極的に取り組む。ディーゼル自動車から排出される粒子状物質を削減するには新たな排出ガス浄化システム（連続再生式ＤＰＦ、酸化触媒等）の導入が必要となる。軽油の低硫黄化は、この排出ガス浄化システムを円滑に機能させるために必要である。

(2) 今後さらに低減していくためには反応条件をより高温・高圧にする等厳しくすることが求められる。このためには新たな設備を整備するか、脱硫のための触媒を頻繁に取り替えるなどの対応をしなければならないが、これには巨額の投資が必要である。石油業界はきれいな大気を守るため厳しい経営環境の中にあっても、巨額の設備投資をして軽油の低硫黄化を進めている。

欧米諸国のディーゼル微粒子除去対策を見ると、欧州連合（EU）では微粒子除去装置の装着が二〇〇五年から実施される「Euro4」（ユーロ・フォー）という名の自動車排出規制の一環として義務付けられ、その目標値達成後は規制値をさらに厳しくすることを検討している。スウェーデンでは硫黄分低減の促進策が取られ、その結果、硫黄分が一〇ppm程度の低硫黄軽油が供給されている。また米国でも二〇〇七年ごろから同様の規制を導入するよう提案されている。しかし日本では第五章の「東京都のディーゼル公害対策」で触れたとおり、国が微粒子除去装置の装着の問題点を挙げ「すべてのディーゼル車に除去装置の装着を義務付けることは適当ではない」という考えを表明したため、都は別の方法についても検討した。

しかし運輸省は装着が可能で、しかも粒子状物質の低減効果のある車種については早急に対応できるようディーゼル微粒子除去装置に補助金制度を新設することを二〇〇〇年八月、決めた。補助の対象となるトラックは約一七万台、バスは約九万台。新制度は「自動車窒素酸化物総量削減法」の指定地域である首都圏と近畿圏を走る大型トラックや大型バス。二〇〇一年度から購入する事業者に対し、地方自治体を通じて四分の一まで補助する。

六月五日、通産省が軽油中の硫黄分を低減するために、新たな設備投資を行なった石油精製会社を支援する方針を決めた。政府は当初、二〇〇七年度に実施する予定だったディーゼル車排出ガス規制を、二〇〇五年実施に前倒ししたが、実現には硫黄分の低減が前提となる。国内で使われる軽油は硫黄分の高い中東産で、濃度を下げないと、除去装置が十分に機能しないからだ。

硫黄分を低減するためには、脱硫装置の開発が必要。そのために必要な投資額は、石油業界全体で約五〇〇〇〜六〇〇〇億円にのぼると推定されている。このため通産省は、脱硫装置の普及を支援するため、設備投資の償却割合を大幅に引き下げるとともに、法人税の負担を軽減し、利子の一部を補助金として支給することにした。

ちなみに日本で普通、使われている軽油中には芳香族が二四パーセント含まれ、これを特殊な触媒を通すだけで七パーセントに低減すると、軽油を燃やしても煤が出ないことが物質工学工業技術研究所などの研究の結果、分かっている。現に、米国カリフォルニア州では、一九九三年から販売される軽油中の芳香族を一〇パーセント以下に低減しなければならないという規制が実施され、すでにディーゼル車から排出される浮遊粒子状物質の量を二五パーセントも減らすことに成功した。しかし日本では、軽油中の硫黄分の低減が計画されているだけで、芳香族の低減はまだ計画されていない。

八月末、運輸、通産、環境の三省庁が二〇〇一年度税制改正について、①ディーゼル微粒子と窒素酸化物の排出抑制、②地球温暖化の原因物質、二酸化炭素の排出防止に役立つ燃費の向上――の二点を柱とする「自動車関係税制のグリーン化」を要望した。運輸、環境両省庁は二〇〇〇年度税制改正では二酸化炭素による地球温暖化への対応策として、自動車関係税制のグリーン化を要望したが、大蔵、通産、建設の三省の反対で日の目を見ず、二〇〇一年度税制改正で、改めて粒子状物質と窒素酸化物の排出削減を含めた「グリーン化」を要望したのである。

運輸省の二〇〇一年度税制改正の要望には「自動車窒素酸化物総量削減法」の改正に対応して、ディーゼル車を廃車して買い替える場合の自動車取得税の軽減措置や、低公害のハイブリッド車や、電気自動車を新規購入した場合の自動車税の軽減措置が盛り込まれた。いっぽう自動車税では、低公害車の購入時や、古いディーゼル車を廃車して、最新の排出ガス規制適合車に買い替える際には、三年間に二〇パーセント軽減することなどを要望し、環境庁と通産省に働きかけ、実現を図った。

日本自動車工業会は九月の理事会で、ディーゼル各社が二〇〇三年を目途に、新長期規制レベルの低公害車を市場に投入する計画を順調に進めていることを報告した。石油連盟は投入されるこの低公害車に必要な超低硫黄の軽油を部分供給する考えで、業界の各社がこれに要する費用をどう分担するかをめぐって協議を続けた。

こうして自動車排出ガスによる大気汚染が大きな社会問題になる中、中央環境審議会の「環境への負荷の少ない交通検討チーム」が大気汚染物質の削減目標を盛り込んだ「地域の交通環境計画」を都道府県などに策定するよう求める報告書をまとめた。

この報告書は今後五～十年間に国と地方自治体が実施すべき対策として、おもに次のことを提言した。

【国の対策】

①自動車排出ガスの規制強化、②自動車排出ガスによる汚染や燃費に応じて自動車関連税制を増減する自動車税のグリーン化、③交通渋滞の激しい道路などを通行する車から料金を徴収する「ロードプライシング」の導入、④積極的な低公害車の導入。

【自治体の対策】

環境への対応も考えた「地域の交通環境計画」の策定。この計画を策定する際は環境基準の達成に必要な汚染物質の削減量を算定し、その対策を実施するための財源として自動車税制のグリーン化や「ロードプライシング」などで得た税収を充当すること。
環境庁はこれらの提言を環境基本法にもとづく「環境基本計画」に反映させる方針を決めた。

参考にすべき米国の微粒子規制

日本のディーゼル車公害対策の検討作業は緒に着いたばかり。これに対し、米国はディーゼル車の排出ガス中に含まれる浮遊粒子状物質（SPM）のうち直径二・五マイクロメートル（一マイクロメートルは一メートルの一〇〇万分の一）以下の微小な粒子「PM二・五」に注目、環境保護庁（EPA）が一九九九年、「PM二・五」に環境基準を設定して規制を実施している。どんな理由から、この規制を実施しているのだろうか。

米国で、「PM二・五」が注目されたのは一九九三年。この年、ハーバード大学の研究グループが全米六都市から無作為抽出した市民約八千人（二十五歳から七十四歳まで）を対象に、十年以上にわたって実施していた追跡調査の結果に対し、喫煙状況や年齢、性別、学歴などの因子を除く統計処理をしたうえで、六都市の住民の死亡率を比較した。

その結果、「PM二・五」の汚染が最もひどいオハイオ州スチューベンビルの住民の死亡率は死亡率最低のウィスコンシン州ポーテイジの一・二六倍になった。ディーゼル微粒子の総量を六万九四〇〇トン、そのうちダイオキシン類の発生総量を一六・八グラムと算出した。

浮遊粒子状物質の濃度が環境基準以下であっても死亡率が上昇することは、そのほかの多くの研究報告でも明らかにされた。米国では日本と同様、直径一〇マイクロメートル以下の浮遊粒子状物質を規制してきたが、このような研究報告が多く出されたため、規制を見直すべきだとする議論が起こった。

ディーゼル車排出ガス中に含まれる微粒子の八割までが一マイクロメートル以下。また火力発電所や各種工場などから排出される窒素酸化物や硫酸イオン、揮発性有機化合物などの粒子も、ほとんどが直径二・五マイクロメートル以下の微細な粒子である。微粒子の化学成分は、その大きさによってかなり違う。化学成分が違えば当然、性質も人の健康に及ぼす影響も異なる。

事態を重視した米国環境保護庁研究開発局は一九九六年、「大気清浄法」によって要請されている五年ごとの連邦大気環境基準の見直しに際し、浮遊粒子状物質に関する最新の研究を全世界から集めた。集められた研究は浮遊粒子状物質の物理、化学、生物学的特性から、粒子の大きさと健康影響との関連性、毒性学、疫学、測定・分析手法など多くの分野。

これらを詳細に検討・評価した結果、「直径二・五マイクロメートル以下の微少な粒子『PM二・五』の特性と、そのほかの粗粒子の特性には大きな違いがある」と指摘、そのうえで次の三点を勧告した。

(1)「PM二・五」と、そのほかの粗粒子は別個の構成部分とみなすべきである。

(2) モニタリングの際は発生、成分、挙動、暴露について別個に検討すべきである。

(3) これら二つは発生源が異なるため、効果的な規制戦略を立案するためには大気中の濃度を分離して測定する必要がある。

画期的なこの勧告を受け取った環境保護庁の長官スタッフ機関である空気質計画基準局は勧告に同意する旨を文書にし、これを長官に提出した。翌一九九七年七月、環境保護庁長官は、一〇マイクロメートル以下の浮遊粒子状物質の基準とは別に、直径二・五マイクロメートル以下の粒子「PM二・五」の新環境基準を追加する形で設定し、公布した。公布された新基準値は「年間平均値は大気一立方メートル当たり一五マイクログラム、二十四時間平均値は同六五マイクログラム」である。

新環境基準値は直径一〇マイクロメートル以下の浮遊粒子状物質の基準値と比べて、どう違うのだろうか。直径一〇マイクロメートル以下の浮遊粒子状物質の環境基準値は年間平均値が大気一立方メートル当たり五〇マイクログラム、二十四時間平均値が同一五〇マイクログラムだから、新基準値はこれよりはるかに厳しい数値である。ちなみに、米国の大気保全行政のうちで最先端を行くカリフォルニア州の環境保護庁が設定している、直径一〇マイクロメートル以下の浮遊粒子状物質の環境基準は、年間平均値が同三〇マイクログラム、二十四時間平均値が同五〇マイクログラムと、かなり厳しい。

新基準値の設定に対し、米国の産業界から「PM二・五以外の危険因子が完全に取り除かれていないのに、PM二・五だけを規制するのは問題」という疑問が出されたため、環境保護庁は改めて大気汚染物質の全国的な調査を実施し、それをもとに二〇〇二年から新基準を適用する考えだ。

日本では、直径二・五マイクロメートル以下の微小な粒子の実態や、動向に関する調査データはまったくない。そこで環境庁は仙台、川崎、名古屋、大阪の四市の市街地と郊外にそれぞれ測定機を設置、一九九八年度から三年がかりで「PM二・五」の濃度の測定や成分の分析などを実施している。しかし、結果がまとまり対策が実施されるまでには少なくとも数年かかる見込み。

また環境庁は二〇〇〇年四月から「ディーゼル排気微粒子リスク評価検討会」を設置、全国の自治体の協力を得て、米国やEU諸国のデータと日本各地の測定データとを比較対照しながら、ディーゼル微粒子が健康に及ぼす悪影響について調べている。「PM二・五」

による健康への影響を調べるための動物実験や疫学調査も二〇〇〇年度中に着手する。

欧米では呼吸器疾患との関連を示すデータがあるが、日本では二年前、調査データをそろえるところから始まったばかり。欧米に比べて対策の立ち遅れが目立っている。

「ＰＭ二・五」の濃度やディーゼル微粒子の排出量は日本と米国で、どう違うのだろうか。環境庁の「リスク評価検討会」が自治体の協力を得て集計した結果の報告書によると、都道府県の大気一立方メートル中の「ＰＭ二・五」濃度（一日平均）の最高は大きい順から埼玉県（九地点）三三・六マイクログラム、東京（三地点）三一・一マイクログラム、神奈川県（一一地点）二二・六マイクログラム、大阪府（四地点）一〇・一マイクログラムである。平均すると、「ＰＭ二・五」のうち、ディーゼル車の排出した分は三割から四割を占めている計算である。

これに対し米国のロサンゼルスやデンバーの市街地や郊外では、最高でも三・六マイクログラムと低かった。ただニューヨークのマンハッタンだけは最高四六・七マイクログラムと異常に高かった。東京都や埼玉県の濃度は、ロサンゼルスやデンバーの約九倍、神奈川県の濃度は六倍、大阪府の濃度は約三倍である。

また日本国内のディーゼル微粒子の総排出量の推計は、一九九四年時点で五万八九〇〇トン（一九九四年）。米国は一一万一五〇〇トン（一九九六年）、欧州連合（ＥＵ）は二四万トン（一九九五年）と多いが、一平方キロ当たりに換算すると、米国は日本の一三分の一、EUは半分以下である。

「リスク評価検討会」の報告書は「調査の時期や推定方法が違うことなどから、単純に比較することはできない」としながらも、「日本の大都市地域の一般環境中のディーゼル微粒子の濃度は米国と比べてかなり高い」と結論している。

米国では直径二・五マイクロメートル以下の微小なディーゼル粒子も規制を強化するいっぽう、軽油の価格を高くすることによって、ディーゼル車を減らす対策を実施している。米国でも、かつては日本と同様、軽油の価格がガソリンよりも安かった。このため小型トラックのディーゼル車が増えていた。しかし一九八四年、米国政府は軽油に重い税金をかけ、軽油の価格がガソリンを一七パーセント（二〇セント）も上回った。

このため小型の貨物車はガソリン車がほとんど全部、四～七トンの中型車ではディーゼル車の割合がわずか四分の一。その結果、貨物車全体ではディーゼル車は一割にすぎない。総重量が七トン程度以上の貨物車やバス、トレーラーなどでディーゼル車が多数を占めているだけである。このような状況では、ガソリンスタンドで軽油を扱うことが経営的に困難になり、ほとんどのスタンドが販売をやめている。日本と米国の自動車の燃料消費に占めるディーゼル燃料の割合を比べると、図12のとおり、日本は米国の二倍も多いことが分

図12　自動車の燃料消費に占めるデーゼル燃料の割合

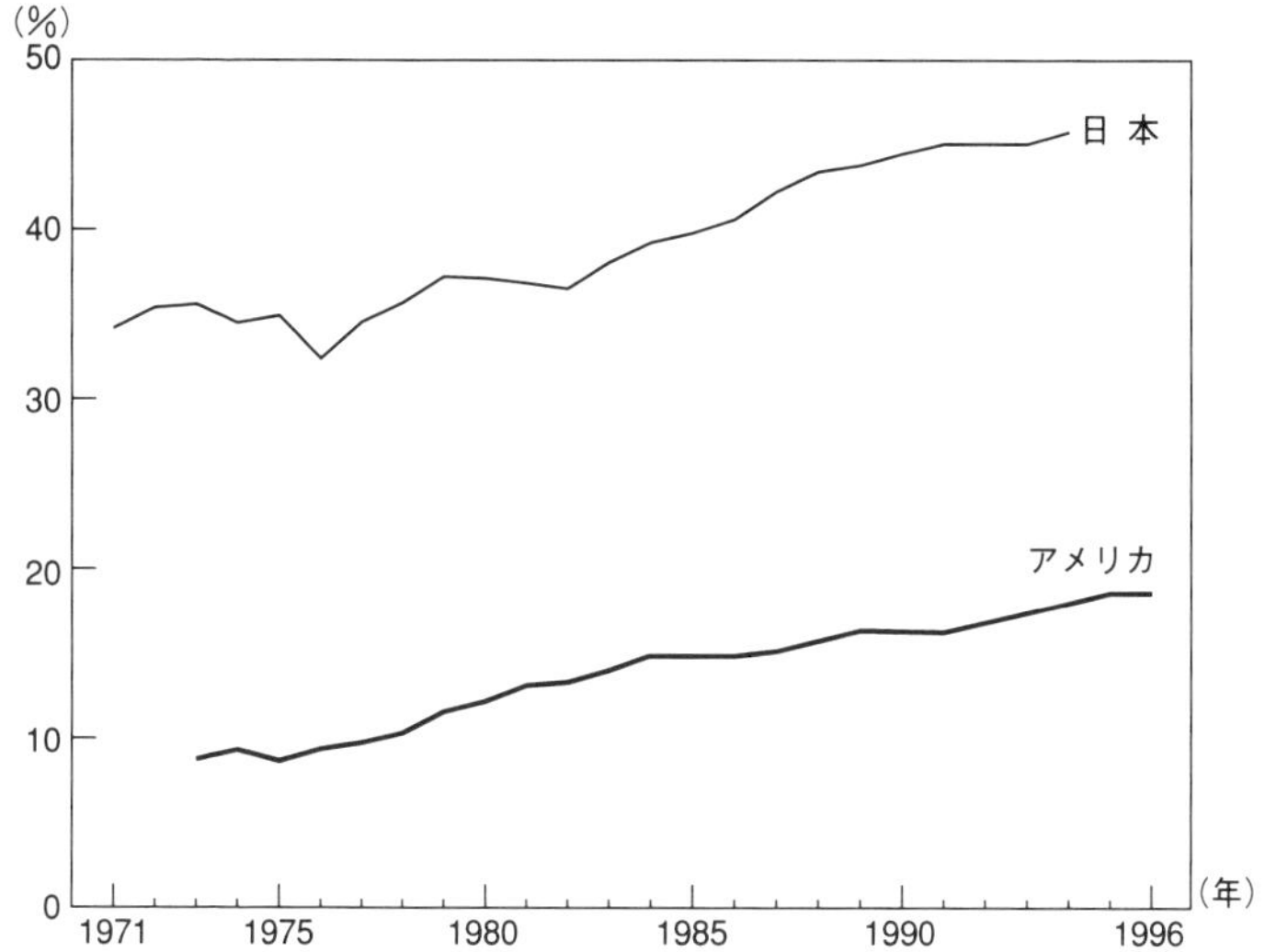

出所）Michael P.Walsh"Global Trends in Diesel Emissions Control-A 1999 Update"、東京都環境局『東京都環境白書2000』(2000年)24頁に掲載。

かる。このことだけからみると、日本のディーゼル微粒子公害の程度は米国のざっと二倍ということになる。

ここで先進的な大気汚染行政として注目を集めているカリフォルニア州のディーゼル車対策を見よう。ロサンゼルス近郊では、小学校児童を対象に実施した呼吸器の機能調査の結果から、肺機能の成長が他の地域の児童に比べて著しく遅いことが分かるなど、カリフォルニア州は全国的に見ても自動車排出ガス公害が最も著しいと言われてきた。

しかし一九九〇年の大気浄化法

改正以来、車社会を問い直す動きが活発化している。同州では法改正によって、全米の水準よりも厳しい基準に適合する車を九六年型車から年一万五〇〇〇台ずつ販売するよう義務づけた。そして自動車メーカーに対して、この適合車販売台数の割合を二〇〇三年までに一〇パーセント以上に増やすよう求めた。

ディーゼル車に対しては一九九三年、燃料の軽油に含まれる芳香族炭化水素を一〇パーセント以下にする規制を実施した。連邦政府による軽油価格の引き上げやディーゼル車を車両重量一〇トン以上の大型車に限定するなどの対策と相俟って、カリフォルニア州ではディーゼル微粒子の排出量を規制前と比べて二五パーセント以上も減らすことに成功した。

日本は大気汚染防止と「汚染者負担の原則」の観点から、軽油の価格をガソリンよりも高く設定し、さらに車両重量でディーゼル車を最小限に減らしている米国の政策を見習うべきだ。

自動車排ガス公害をどう防ぐか

高度経済成長期の激甚な産業公害をひとまず克服した後、一九七〇年代から二〇〇〇年にかけてダイオキシン公害とディーゼル車公害という二つの大規模な公害が多くの国民を巻き込む形で深刻化した。国民の健康に重大な影響をもたらす発がん性物質を含むディーゼル車排出ガス公害が、なぜこれほど長い間、放置されてきたのだろうか。

公害防止の基本は初期段階で効果的な発生防止策、すなわち公害発生の根を絶つことである。ところが、行政当局はディーゼル微粒子中に何種類もの発がん物質が存在することが明らかになっても、ディーゼル車の急増を問題視せず、これを止める積極的な対策も、ディーゼル微粒子除去装置の開発・取り付け義務化などの対策も実施しないまま、長い年月が経過、この間にディーゼル車が驚異的な勢いで増加した。

ディーゼル微粒子の排出量が極めて多い重量車に、欧米と比べて、これほど緩い規制値が適用され、しかもそれ以前に販売されたディーゼル車には何の規制も実施しないまま放置してきたことは、看過できない、大きな問題である。

日本の場合、バスの全部とトラックの六～八割がディーゼル車で占められ、ディーゼル微粒子の排出総量のうち、普通トラックの排出分が六二パーセントを占める。大気汚染を深刻にし、健康被害を増大させることが分かっていながら、ディーゼル車の急増を放置してきた日本には環境政策がないも同然である。

では、ディーゼル微粒子対策にいつ、着手すべきだったたか。たとえば、国立がんセンター研究所の河内卓副所長と福岡県衛生公害センターの常盤寛疫学課長による動物実験の結果、ディーゼル車の排出ガス中に含まれているニトロピレンとニトロフルオランテンに発がん性のあることを突き止め、一九八一年十二月発行の国際的ながん研究専門誌『キャンサー・レターズ』に発表した時点が重要な岐路ではなかったか。このころ、ディーゼル車は急増を続けていた。排出ガス中に発がん性をもつ物質が二種類も含まれていることが、新たに判明したのだから、ディーゼル微粒子汚染が人々の健康に及ぼす危険性に警鐘を鳴らし、規制策の検討に着手すべきだった。もし、この時点でディーゼル車を減らす対策の必要性を訴え、その方策として、軽油価格をガソリン価格より高くする対策が実施されていたならば、今のような肺がん、ぜん息の多発も、国民の一割以上、東京などの大都市では二割近いといわれるほど多数の花粉症患者を発生させずに済んだはずである。

ディーゼル微粒子公害は突き詰めて考えれば、自動車公害のうちの最も健康に被害を与える部分である。ディーゼル車に微粒子除去装置を装着する対策や、軽油中の硫黄分低減などの対策が重要なことは言うまでもないが、ディーゼル微粒子公害の社会問題化を機に、「自動車公害をどう防ぐのか」という本質的な問題について真剣に、かつ掘り下げて考える必要がある。

わが国の自動車公害の特質を一言でいえば、自動車保有台数の果てしない増加のため排出ガス規制を繰り返しても、せっかくの規制効果が走行台数の増加によって次々に相殺されていくことである。とりわけ有毒なディーゼル微粒子と多量の窒素酸化物を排出するディーゼル車の急増が、石油危機の発生以来、今日まで四半世紀もの長い間続いたために、これまでの排出ガスの規制効果がすべて帳消しになったばかりか、大都市とその周辺地域では、大気中の浮遊粉塵と窒素酸化物濃度が環境基準を上回ったままという事態を招いている。

建設省が「第十一次道路整備五箇年計画」策定の際、行なった予測によると、一九九〇〜二〇一〇年の二十一年間の道路交通需要の伸びを四〇パーセント。自動車交通量増加のスピードはこれまでより鈍化するにしても、自動車の保有台数は今後なお増え続けるとみなければならないだろう。すでに今現在、この狭い日本の国土、しかもその国土の三割しかない平地に七五〇〇万台（保有台数）を超える車がひしめいている。今後増え続ければ、大気汚染公害は深刻な事態になるだろう。

そこで自動車の利便性を認めたうえで、自動車による大気汚染を極力少なくする対策を推進しなければならない。どのような手法が有効だろうか。まず多量の大気汚染原因物質を排出するトラックによる貨物輸送の実態をみる。

わが国の貨物輸送の主役は、太平洋戦争後の一九五〇年代半ばすぎまで鉄道だったが、高度経済成長期に突入した頃からトラック輸送が急増、低成長期入り後も一貫して鉄道の貨物を奪ってぐんぐん伸びた。その結果、トラックによる貨物輸送のトン・キロ（輸送量に走行距離を掛け合わせた数字）が一九六七年に鉄道による貨物輸送のトン・キロを超え、さらに一九八五年には内航海運による貨物輸送のトン・キロを追い抜いた。そして一九九七年度には、国内総輸送トン数の実に九一パーセント、トン・キロ総数の五四パーセントを占めるまでに急増した。トラックに貨物を奪われた鉄道輸送は、逆に年々急速に落ち込み、一九九七年度には、国内輸送トン数のわずか一パーセント、トン・キロ数の四パーセントになった。

このような圧倒的なシェアのトラック輸送の主力を担ったのが、言うまでもなくディーゼルトラックである。大気汚染公害が激化したのは当然の結果である。この問題の解決に有効な対策の一つが、トラックに偏りすぎている今の貨物輸送を政策的に徐々に鉄道や船舶に切り替えていく「モーダル・シフト」政策の導入である。

この政策が軌道に乗っている欧米の事例をみよう。まずドイツは「一九九二年連邦交通路計画」によって、道路が優先されていた従来の交通体系を鉄道優先型に転換する方針を打ち出した。この「交通路計画」によると、一九八五年時点に二七・八パーセントだった鉄道輸送のシェアを二〇一〇年を目途に交通投資により三九・五パーセントに伸ばし、逆に道路のシェアを同期間中に三九・八パーセントから二〇パーセント台に引き下げる。

またオランダではエネルギーを浪費する「自動車依存型社会」の弊害を克服するため、二〇一〇年までにマイカーで三五パーセント、トラックで二五パーセントの二酸化炭素排出削減計画の達成を目途に、①自動車交通量の抑制、②自動車燃料税および自動車税の引き上げ、③鉄道やバスなどの公共交通機関の拡大、④都心部への自動車乗り入れの禁止、⑤決定済みの道路建設計画の延期、⑥従業員五〇人以上の企業には「自動車走行削減計画」の提出を要求すること——などさまざまな対策を実施している。

いっぽう米国のカリフォルニア州では、先に詳述した大気汚染防止対策のほかに、自動車通勤者の鉄道通勤への転換、自動車の増加によって、かつて廃止した鉄道網約四〇〇マイルの建設、自転車道路の拡大などを推進している。

英国では、一九六三年十一月に英国運輸省が編集・出版した『都市の自動車交通——イギリスのブキャナンレポート』（鹿島研究所出版会、一九六五年）の優れた提言が出版から四十年近い今、改めて見直されている。このレポートは、都市には放置すれば自動車が増加しつづけ、長期間にわたる自動車交通によってさまざまな問題が生じるものであることを考察、そのうえで一九六〇年代の英国が直面する自動車交通問題をどのように解決すべきか、解決策の原則と処方箋を示している。

都市の交通量をいかに抑制するか。抑制策としては①都心部への乗り入れ規制、地区内通行規制、②マイカー相乗り制の実施による乗車効率の向上、貨物積載の効率化、③燃料税の課税引き上げなどの使用規制、④自動車保有台数の制限、保有課税の引き上げなどの保有規制、⑤路上駐車禁止や駐車料金引き上げなどによる駐車規制、⑥交通流の円滑化、⑦事業所・住宅など需要発生施設の立地規制――などがある。対象地域の特殊性などから実施可能で、しかも効果的な対策を選んで、実施すべきである。

この自動車交通量の抑制と並んで、重要な自動車公害防止対策が、ディーゼル車排出ガス公害規制の強化と低公害車の普及促進である。排出ガス規制については、これまでに詳述した。ここでは低公害車の普及について考える。

将来、燃料電池を搭載した車が普及すれば、自動車による大気汚染公害は間違いなく改善されるだろう。しかし現在保有されている約七五〇〇万台の自動車が、燃料電池車にどのように切り替えられるのか、切り替えられるまでの間、どのくらいの年月を要するのか、見当もつかない。問題はそれまでに自動車公害が今より一層激化して、人々の健康被害が増大する恐れがあることである。手をこまぬいて、増大する健康被害を放置することは許されない。

そこで代替燃料を使って走る低公害車を普及させる必要がある。その低公害車としては電気自動車、電気と軽油の二種類の燃料を使ったハイブリッド車、天然ガス自動車、アルコール自動車、水素自動車、メタノール自動車、エタノール自動車などがある。しかし、これらの低公害車の多くが問題点を抱えている。たとえば電気自動車は価格、速度、馬力、走行距離などに難点があり、アルコール自動車は排出ガスから頭痛の原因になりかねないアルデヒド臭が発生する。水素自動車は経済性や燃料の搭載・貯蔵技術の未開発、安全性などに克服すべき問題点がある。

メタノール車はディーゼルエンジンに使用した場合、黒煙を排出しないというメリットがある半面、有害なアルデヒドの排出、未燃焼メタノールから出る特有の臭いなどの難点がある。またエタノール車はサトウキビ、トウモロコシなどのバイオマスから製造する関係で、原料の供給を確保できるかどうかという問題がある。

天然ガス自動車は三元触媒の使用により、ガソリン車に比べて一酸化炭素と窒素酸化物が四〇～六〇パーセント少ないうえ、ガソリンエンジンを使うことができ、しかも走行性能や燃費もガソリン車に劣らない。ただ日本では天然ガスが導管で供給されているゾーンが狭く、ガス充塡施設がない。また経済性に難点がある。これらの問題点をどうするかが今後の課題であろう。天然ガス自動車は一九九九年度の一年間に四割増加して二〇〇〇年四月には約五〇〇〇台に増え、二〇〇一年四月には約一万台に達する見通し。

現在、有望な低公害車として注目を集めているのが、ディーゼル・電気ハイブリッド車である。この車は都市内走行時にガソリン車と比べて窒素酸化物の約三〇パーセントを減らすことができ、発進・加速時の黒煙は約七〇パーセント削減できる。燃費も五〜一〇パーセント改善される。

三元触媒とセラミック・フィルターを組み合わせ、最新の排出ガス規制値と比べて粒子状物質と窒素酸化物をいずれも八〇パーセント以上カットすることができるトヨタ自動車の新技術、ハイブリッド車（異種動力の併用車）「プリウス」の開発は、画期的な事と言えよう。技術の進歩は日進月歩。技術開発をさらに進めて難点を克服し、より効率的な、優れた低公害車を生み出し、普及させることによって、自動車公害の抜本的解決を図る必要がある。

環境に負荷を与え、社会に負担をかけるものは、それに見合うコストを負担しなければならない。一九七二年二〜三月に経済協力開発機構（ＯＥＣＤ）と欧州共同体（ＥＣ）の委員会が公害防止費用について採用した「汚染者負担の原則」（ＰＰＰ）が世界的に適用されていることからも、自動車メーカーには呼吸器疾患を引き起こすことのない低公害車の開発・普及に全力で取り組むよう望みたい。

最後に行政当局および関係行政官に一言、苦言を呈する。ディーゼル微粒子ががんを引き起こすなど有毒な働きをすることは多くの動物実験によって、遅くとも一九八〇年代末までには世界的に分かっていた。にもかかわらず、関係行政当局・行政官はディーゼル車の野放図な増加を食い止める対策を実施しなかったばかりか、燃料の軽油の価格をガソリン車より安く設定して公害車のディーゼル車の急増を誘導し、それを四半世紀もの長い間、放置してきた。その結果、子どものぜん息患者の増加、千数百万人を数えると言われる花粉症患者、肺がんなどの発生が大きな社会問題になっているのではないか。こんな事態を招いたのは環境政策の失敗といわなければならない。

自動車公害の防止行政には多くの省庁が関わっている。直接の所管は環境庁だが、自動車による貨物や人の輸送、排出ガス規制などの面では運輸省、自動車が走行する道路の建設・管理の面では建設省、軽油の価格をガソリンより安く設定してディーゼル車を増やしたことでは大蔵省、このほか警察庁と通産省が関係している。もし行政当局や担当行政官に、有毒物質の大気汚染による呼吸器疾患の罹患から国民の健康を守らなければならないという強い使命感・責任感があったなら、もっと早期に汚染の拡大を防げたはずである。それがなぜできなかったのか。

この関連で想起されるのは、厚生省がダイオキシン規制に消極姿勢を取り続けたために、わが国が世界一の「ダイオキシン汚染大国」になったことである。一九八四年、わが国のごみ焼却炉からダイオキシンが発生していることが分かった後、厚生省は有効なダイオキシン汚染防止対策を推進し、成果を上げていたドイツなど欧州諸国から学ぼうともせず、十三年間もダイオキシン汚染の増大を放置してきた。そして今度はディーゼル微粒子汚染の拡大を放置した。有毒化学物質汚染を早期に解決しようとする積極的な取り組み姿勢と使命感・責任感の欠如に、根本的な原因があるように思える。

重要な大気汚染防止の仕事に携わる関係行政当局には、国民の生命・健康を預かっているという強い使命感・責任感を持ってディーゼル微粒子公害の根絶に努めてもらいたい。

自動車は、その優れた利便性のために現代社会にどっかりと太い根を下ろし、多くの人々の生活に欠かせないものになっている。このような「車依存型社会」の中にあって、車がもたらしている「負の側面」である大気汚染公害を克服しようとすれば関係者の利便性を損ない、個人の私権の制約を招きやすい。公害による多くの人の健康被害と利便性の二つを同時に満たすことが困難となれば、そのどちらかを優先するかが問題となる。

実効ある防止策を実施し自動車公害を克服するためには、自動車の利便性や個人の私権の大幅な制限を認めるべきではないか。現代社会に深く根を張った自動車公害は、問題が多岐にわたっており、政府がたとえば関係閣僚会議を設置するなどして態勢を確立し、ドラスチックな対策を推進しない限り、解決できないだろう。

幸い、ディーゼル車公害は人々の強い関心を集め、対策の強化に対する国民のコンセンサスが得られつつある。これを機に政府が問題解決の先送りをやめて、国民的な議論を起こし、世論の高まりをバックに、まず解決の方向と道筋を明らかにし、そのうえで強力に解決策を実施すべきである。

環境行政の対応の遅さ・怠慢、問題解決を目指す取り組み着手の安易な先送りのつけは結局国民に回される。ダイオキシン公害やディーゼル車公害のような環境・廃棄物行政の失敗を二十一世紀に繰り返してはならない。

参考文献

以下の文献は著者が『ディーゼル車公害』を執筆するに当たって、とくに参照したものと、ディーゼル車公害の問題をより深く知るうえで一読を勧めたいと考えたものを、章ごとに列記した。順序は刊行の順とした。

第一章　ディーゼル微粒子と肺がんの増加

・川名英之「ディーゼル排ガスと肺がん」、『ドキュメント日本の公害　第九巻・交通公害』所収、緑風出版、一九九三年。

・国立環境研究所特別研究報告『ディーゼル排気による慢性呼吸器疾患発症機序の解明とリスク評価に関する研究（平成五～九年度）』一九九九年。

・生活習慣病予防研究会「肺がん」、生活習慣病予防研究会編『二〇〇〇　生活習慣病のしおり』所収、社会保険出版社、二〇〇〇年。

第二章　ぜん息・花粉症とディーゼル微粒子

・川名英之「ぜん息・花粉症の急増」、『ドキュメント日本の公害　第九巻・交通公害』所収、緑風出版、一九九三年。

・斎藤洋三「花粉症のかゆみ　対策は花粉の付着防止から」、『毎日ライフ』一九九六年九月号所収、毎日新聞社。
・国立環境研究所特別研究報告『ディーゼル排気による慢性呼吸器疾患発症機序の解明とリスク評価に関する研究（平成五〜九年度）』一九九九年。

第三章　汚染拡大を放置した行政

・東京都環境保全局総務部企画課編集・発行「第二部　特集・自動車と都市環境の危機」、『東京都環境白書　二〇〇〇』所収、二〇〇〇年。
・川名英之「フィリピンの大気清浄法」、『資源環境対策』二〇〇〇年十月号所収、公害対策技術同友会。

第四章　大気汚染公害訴訟の動向

・白石忠夫「尼崎公害訴訟判決とディーゼル排ガス対策の歴史」、白石忠夫編著『世界は脱クルマ社会へ』緑風出版、二〇〇〇年。

第五章　転換迫られた自動車公害対策

・川名英之「自動車公害をどう防ぐか」、『ドキュメント日本の公害第九巻・交通公害』所収、緑風出版、一九九三年。
・小林剛「米国の大気中微小粒子PM2・5の規制」、『環境新聞』一九九九年六月三十日記事、環境新聞社。
・大聖泰弘「自動車の低公害・燃費技術に関する現状と将来展望」、『環境管理』二〇〇〇年一月号所収。
・大聖泰弘「低公害車と低燃費車の開発に関する将来展望」、『環境情報科学』二〇〇〇年一月号所収、環境情報科学センター。
・中央環境審議会大気部会自動車排出ガス専門委員会「今後の自動車排出ガス低減対策のあり方について」（第四次報告）二〇〇〇年

ディーゼル車公害問題年表

一九七二年（昭和四十七年）〜二〇〇〇年（平成十二年）

一九七二年（昭和47年）

1・11　環境庁が中央公害審議会・大気部会の答申（一九七一年12月22日提出）にもとづき、浮遊粒子状物質（ＳＰＭ）の環境基準値を「連続する二十四時間の一時間値の平均（二十四時間平均値）が大気一立方メートル当たり〇・一〇ミリグラム以下、いずれの一時間値も同〇・二〇ミリグラム以下とする」として告示し、都道府県に通知する。三月、大気汚染防止法の規定で定めている自動車排出ガス中の大気汚染物質に浮遊粒子状物質が追加される。

3・29　ディーゼル車の黒煙規制とアイドリング時における一酸化炭素の規制強化および炭化水素規制を実施するため、自動車排出ガス量の許容限度の一部を改正する。

7・1　ディーゼル車の黒煙規制を実施する。

一九七三年（昭和48年）

5・8　環境庁が二酸化窒素の環境基準を一日平均値〇・〇二ｐｐｍと設定、光化学オキシダントの環境基準を一時間値〇・〇六ｐｐｍ以下と決める。

8・10　環境庁が窒素酸化物の排出基準を設定する。

一九七四年（昭和49年）

12・5　中央公害対策審議会大気部会が自動車排出ガス昭和五十一年度規制の二年間延期など大幅後退の報告書をまとめる。

12・27　中央公害対策審議会総合部会が大気部会の答申を審議し、「自動車排出ガス昭和五十一年度規制の二年間延期」の答申案どおり、後退した内容の答申書を環境庁に提出する。これに対し三木武男首相が小沢辰男環境庁長官に対し「審議会における慎重審議」を要望、これにもとづき規制実施時期を早める答申を再提出した。

一九七五年（昭和50年）

1・1　環境庁と運輸省がガソリン、液化石油ガス（ＬＮＧ）を燃料とする使用過程中の乗用車とバスに対して、アイドリング時の測定による炭化水素の濃度規制を実施する。使用過程にあるディーゼル車の黒鉛も規制される。

1・24　環境庁が自動車排出ガス五十一年度規制を告示する。告示の内容は窒素酸化物に排出許容限度を小型乗用車の場合、走行一キロ当たり〇・八四グラム、大型乗用車一・二グラム、適用時期は新型乗用車が一九七六年四月一日からと決まる。

1・31　衆議院予算委員会で、共産党の不破哲三書記局長が「自動車排出ガス昭和五十一年度規制後退の背景には自動車工業会からの膨大な政治献金がある。中央公害対策審議会の審議事項が自動車メーカー側に筒抜けだった」と証拠を手に政府を追及。

2・6　衆議院予算委員会で追及された自動車公害専門委員会委員の家本潔日本自動車工業会安全公害委員長（日野自動車工業副社長）が辞任し、小沢辰男環境庁長官が「今後は業界代表を専門委員からはずす」と語る。

6・1　これまで野放しだった中古車排出ガス中の炭化水素規制が実施される。

8・1　ディーゼル車、重量ガソリン車の窒素酸化物昭和五十二年度規制が実施される。

9・9　「七大都市自動車技術評価委員会」が国内の自動車メーカーを対象に、ガソリントラック、ディーゼル車の排出ガス公害防止技術の開発状況を調べ、結果を発表する。

一九七六年（昭和52年）

8・30　国道43号と、その高架の阪神高速道路・神戸線の沿線住民一四九人が国と阪神高速道路公団を相手取り、騒音と排出ガス中の二酸化窒素濃度を環境基準値以下に抑える公害対策の実施、建設中の阪神高速道路大阪―西宮線の工事の中止、過去・将来の損害賠償を求める差し止め訴訟を神戸地裁に起こす。

一九七八年（昭和53年）

1・30　環境庁が排出ガス対策の遅れているトラック、バスなど大型車の窒素酸化物排出量の削減と昭和五十四年度規制の許容限度値を告示する。

4・20　「西淀川公害患者と家族の会」のメンバー一一二人（公害病認定患者と遺族）が関西電力、住友金属工業、大阪瓦斯、旭硝子、日本硝子、関西熱化学、神戸製鋼所、合同製鉄、古河鉱業、中山鋼業の計一〇社と国、阪神高速道路公団を相手取り、二酸化硫黄、二酸化窒素、浮遊粒子状物質の環境基準を超える量の汚染物質の排出差し止めと総額二〇億五二〇〇万円の損害賠償を求めて大阪地裁に「西淀川公害訴訟」を提起する。

7・11　環境庁が二酸化窒素（NO_2）の環境基準の上限を現行の実質三・五倍も緩和し「一日平均値〇・〇四ｐｐｍの範囲内、またはそれ以下」、達成期間は七年間（期限は一九八五年）とするむね告示する。

一九七九年（昭和54年）

1・1　ガソリン車、液化天然ガス（ＬＮＧ）車の窒素酸化物と加速走行騒音の昭和五十四年度規制が実施される。

4・1　新型ディーゼル車の窒素酸化物排出量を低減する昭和五十四年度規制および新型のディーゼルトラック、ディーゼルバス、二輪自動車などの加速走行騒音を低減するための昭和五十四年度規制が実施される。

一九八〇年（昭和五十五年）

2・21　米国環境保護庁（ＥＰＡ）が燃料効率性のよさから急増しているディーゼル車の排出ガス中の黒鉛について、①発がん（肺がん）性物質が含まれている疑いがある、②ディーゼルエンジンは一般のガソリンより三十～七十倍も多く微粒子を排出する――として、「一九八二年型車から黒煙微粒子の規制を実施する」と発表する。規制は乗用車、軽トラックについては走行一マイル当たり〇・二~〇・六グラム以下とし、一九九〇年には規制のない場合と比べて微粒子の排出量を七四パーセント減らす方針。

2・22 環境庁が外務省を通じて米国環境保護庁のディーゼル車排出ガスに関する資料収集を始める。

9・12 環境庁が専門家一五人からなる「ディーゼル排出ガス影響調査検討会」を発足させる。「検討会」は初年度四二〇〇万円を投じて人体への影響、沿道での排出実態などを調査する方針で、川崎市内の沿道六カ所で大気中のディーゼル微粒子を採取し、測定を開始する。

一九八一年(昭和56年)

2・20 環境庁が窒素酸化物の高濃度汚染地域である東京、神奈川、愛知、大阪の四都府県の各一部地区に総量規制を導入して窒素酸化物の排出量を削減することを決める。五月二十九日、三地域を対象にした窒素酸化物の総量規制実施が閣議決定される。

5・29 ディーゼル乗用車の一酸化炭素、炭化水素および窒素酸化物排出に関する許容限度目標値が環境庁によって設定される。

6・2 四都府県の窒素酸化物の総量規制導入にともない、大気汚染防止法施行令の一部を改正する政令が公布される。

10月 国立がんセンター研究所の河内卓・副所長ら、福岡県衛生公害センターの常盤寛・疫学課長ら、徳島大学の三者のラットを使った動物実験の共同研究の結果、ディーゼル車排出ガス中に化学構造の少しずつ異なる三種類のジニトロピレンが含まれ、いずれにも発がん性があること、このうちの二種類に強い発がん性のあること、ニトロ化合物の1―ニトロピレン、3―ニトロフルオランテンには中くらいよりやや強めの発がん性のあることが明らかになる。

12月 これらの研究成果について共同執筆し、寄稿した研究論文が国際的ながん研究専門誌『キャンサー・レターズ』に掲載される。

一九八二年（昭和57年）

3・18 川崎市と一部周辺地区に住む気管支ぜん息など呼吸器疾患の公害病認定患者（「川崎公害病友の会」に所属）の九〇人と遺族一〇世帯二九人が大手企業一二社、国鉄・国・首都高速道路公団を相手取り、汚染物質の排出規制と、健康被害に対する損害賠償を求める訴訟を横浜地裁川崎市部に提起する。提訴は一九八八年まで四次にわたり、損害賠償金の請求総額は約九五億円となる。

一九八三年（昭和58年）

4・21 中央公害対策審議会が抜本的な交通公害対策を答申し、関係省庁の緊密な連携による積極的な取り組みを提言する。この後、関係省庁が答申内容に反対したため、実施に至らなかった。

9・17 「川崎公害訴訟」で、呼吸器疾患の患者と遺族計一一四人が大気汚染物質の排出差し止めと総額二四億三五〇〇万円の損害賠償請求を提起する＝「川崎公害訴訟の第二次訴訟」。

一九八四年（昭和59年）

10・19　大型トラックのうち前輪駆動車、トラクター、クレーン車、第二種原動機付き自転車、ディーゼル乗用車に対する騒音の昭和六十一年度規制が告示される。

一九八五年（昭和60年）

2・28　東京都が貨物自動車の都内の走行量を現状より約一時間削減する行政目標を設定、一九八五年度から関係業界に協力を要請していくと発表する。

7・10　環境庁が「自動車排出ガス規制の強化」と「交通総量抑制のための総合策」を中心とした自動車交通公害対策の基本方針を発表する。

9・25　環境庁が自動変速機（AT）付きディーゼル乗用車に対する排出ガス昭和六十二年度規制を告示する。

10・30　中央公害対策審議会（会長・和達清夫）が臨時総会を開き、十月三日に同審議会環境保健部会作業小委員会がまとめた公害健康被害補償制度を大幅に縮小する報告を原案どおり認め、環境庁長官に答申する。答申の骨子は①大気汚染による公害病患者を救済する公害健康被害補償制度で定める四一の大気汚染指定地域を全面解除し、新たな患者が出ても公害病患者として認定しない、②現在の認定患者の補償や認定更新は継続する、③幹線道路沿いの地域などで新たに環境改善、保健事業を実施、その財源として企業の拠出による基金を設ける――など。

11・18　環境庁が中央公害対策審議会に対し

「今後の自動車排出ガス低減対策のあり方について」を諮問する。これを受けて同審議会は新たに「自動車排出ガス専門委員会」を新設して新しい規制値などの検討に着手する。

12・27 環境庁が今後の窒素酸化物削減対策の基本方向を示した「中期展望」をまとめる。「現在、講じられている施策を継続しても環境基準の達成は困難である」との予測結果を明らかにし、そのうえで自動車排出ガス規制の強化や大都市中心の交通量抑制対策の推進などを重点課題に据えている。しかし窒素酸化物の削減効果と、これによる二酸化窒素（NO_2）の環境基準の達成時期などの見通しについては示していない。

一九八六年（昭和61年）

3・7 環境庁が二酸化窒素と健康との関わりを調べてまとめた報告書「大気汚染健康影響調査」の結果を発表する。報告書の中で、同庁は低濃度の二酸化窒素と健康被害との関連性について記述、現行の環境基準を超えた濃度でぜん息様症状が跳ね上がっていること、基準以下の濃度域でも二酸化窒素濃度が増えれば有症率も高くなるという関係がみられることを明らかにしている。

4・8 中央公害対策審議会環境保健部会の「大気汚染と健康被害との関係の評価等に関する専門委員会」が報告書を公表する。

5・23 東京都衛生局が「複合大気汚染にかかる健康影響調査報告書」をまとめる。報告書は青梅街道沿線住民八七〇〇人

（主に主婦）を対象に行なったアンケート調査の結果、ぜん息、持続性の咳や痰、息切れなどの有症率は道路端から二〇メートル以内に住む主婦のほうが二〇〜一五〇メートルの主婦より約二〇パーセントも高かった。

7・17 国道43号とその高架の阪神高速道路沿道住民が、一九七六年八月三十日に国と阪神高速道路公団を相手に、騒音と二酸化窒素の環境基準以下に抑える公害対策の実施、建設中の道路工事の中止、過去・将来の損害賠償を請求して起こした「国道43号公害訴訟」について、神戸地裁民事四部の中川敏男裁判長が判決を言い渡す。判決は二つの道路の公共性を高く評価し、差し止め請求については「原告の訴え方が国、公団の具体的な措置を特定せず、不明確である」などとして門前払いした。また過去の慰謝料は認めたが、将来の慰謝料請求についても「被害が不確定」などとして、請求を棄却した。

7・27 環境庁の委託を受けて共同で「ディーゼル排気物質の健康影響に関する調査研究」を実施していた財団法人・結核予防会結核研究所と埼玉大学などが筑波研究学園都市で開かれた第四回国際毒科学会議の国際シンポジウムで「ディーゼルトラックから排出された黒煙粒子をラットの気管内に注入した長期吸入暴露実験の結果、ラットの七四パーセントが肺気腫、四八パーセントが肺がんになった」と発表する。この実験により、ベンツピレンなどすでにディーゼル微粒子中にあることが分かっている発がん物質とはまったく違う新たな毒性物質の存在が確かめられる。

10・29 中央公害対策審議会が環境庁に「公害健康被害補償法の第一種地域のあり方について」答申する。

一九八八年（昭和63年）

3・17 環境庁が「窒素酸化物低減のための大都市自動車公害対策等計画」を策定する。

4・28 環境庁が「低公害車普及基本計画」をまとめる。

一九八九年（平成元年）

12・22 中央公害対策審議会が環境庁長官に「今後の自動車排出ガス低減対策のあり方について」答申する。

12・26 兵庫県尼崎市の公害病認定患者と遺族計四八三人が国、阪神高速道路公団と大手企業九社を相手どり大気汚染物質の排出差し止めと損害賠償を求める訴訟を神戸地裁に起こす。

一九九一年（平成三年）

3・29 大阪市西淀川区の公害病認定患者ら一一七人が、周辺の企業一〇社と国および阪神高速道路公団を相手取り、大気汚染公害による損害賠償を求めていた「西淀川公害訴訟」で、大阪地裁は企業一〇社の共同責任を認め、原告七六人に総額約三億六〇〇〇万円の損害賠償の支払いを命じる判決を言い渡す。工場、道路などからの汚染物質が混在する都市型複合大気汚染下で、企業の共同不法行為が認められた判決は初めて。しかし大気汚染の環境基準を超える排出の差し止め請求と道路公害における国と公団の責任は認めなかった。

一九九二年（平成四年）

1月 国立環境研究所と東日本学園大学は、ディーゼル微粒子が小児ぜん息など呼吸器障害の原因となることをマウスにディーゼル微粒子を含んだ実験液を投与する共同の動物実験の結果、明らかにする。

2・20 「国道43号公害訴訟」の控訴審で、大阪高裁は被告の国（建設省）と阪神高速道路による不法行為を認め、基本的に一審判決を支持する判決を言い渡す。判決は焦点の人格権にもとづく道路の供用差し止め請求について、一審判決の却下とは異なり、実質審理を行なったうえで、「訴えは適法だが、請求には理由がない」として、一審の却下（門前払い）を取り消し、棄却。そのうえで「原告らの被害は生活妨害にとどまり、いまだ社会生活上、受忍すべき限度を超えているとはいえない」との判断を示す。過去の損害賠償については原告一二三人について総額二億三三一万円を支払うよう命じたが、将来の慰謝料請求は却下する。

3・17 環境庁がまとめた「自動車から排出される窒素酸化物の排出抑制特別措置法案」が閣議決定され、国会に提出される。法案は内閣総理大臣が対策を講じるべき対象地域、総量削減計画の内容、達成期間などを盛り込んだ「総量削減基本方針」を定めることを規定する。対象地域は東京都特別区、横浜・川崎市、大阪市と、それぞれの周辺地域。国が定めた総量削減基本方針を踏まえた形で、都道府県知事が総量削減計画を決定する。対象地域における二酸化窒素排出量の少ない車への転換に重点が置かれ、環境庁は総量規制地域内の自動車から窒素酸化物排出量を現在より六〇~七〇パーセント削減する方針。

5・23 「自動車から排出される窒素酸化物の特定地域における総量の削減等に関する特別措置法」が参議院本会議で全会一致で可決、成立する。六月三日、公布される。

11・13 環境庁が「自動車窒素酸化物総量削減法」の規制対象地域として東京二三区と首都圏、近畿圏の一七三市町村を決める。

一九九三年（平成五年）

12月 「自動車窒素酸化物総量削減法」（正式名称は「自動車から排出される窒素酸化物の特定地域における総量の削減に関する法律」）が施行される。環境庁は同法にもとづき、東京都、神奈川県、大阪府の三都府県の窒素酸化物高濃度汚染地域を「特定地域」に指定し、三都府県の「総量削減計画」を策定してもらい、窒素酸化物を多量に排出するディーゼルトラックをガソリン車などに代替させるなどの対策実施へむけて作業を進める。この法律の「基本方針」では、国は同法で規定される特定地域で二酸化窒素の環境基準を二〇〇〇年度までにおおむね達成することを目標として掲げた。

一九九五年（平成七年）

7・5　「西淀川公害訴訟」第二―四次訴訟の判決で、大阪地裁は「自動車の排出する汚染物質が工場の排煙と相まって西淀川地区の高濃度汚染を形成している」という判断を示し、道路と工場との間には共同不法行為があるとして、国、阪神高速道路公団の責任を認め、原告のうちの二一人に損害賠償金を支払うよう命じる。原告側が求めていた差し止め請求について、判決は現在の大気汚染の状況や各道路の公共性などを考慮して差し止めの必要性を認めず、請求を棄却した。しかし「現在も侵害行為が続いている」として、門前払いの主張を認めなかった。

一九九六年（平成八年）

12月　「川崎公害訴訟」の第一次訴訟二審は東京高裁で原告側と企業・団体との間に和解が成立、工場排煙については決着する。このあと、裁判の焦点は自動車排出ガスと公害病の因果関係に移る。

一九九七年（平成九年）

7月　米国環境保護庁長官が一〇マイクロメートル以下の浮遊粒子状物質の基準とは別に、直径二・五マイクロメートル以下の微小な粒子「ＰＭ二・五」の新環境基準を追加する形で設定し、公布する。公布された新基準値は「年間平均値は大気一立方メートル当たり一五マイクロメートル、二十四時間平均値は同六五マイクロメートル」である。米国環境保護庁研究開発局が一九九六年、「大気清浄法」によって要請されている五年ごとの連邦大気環境基準の見直しに際し、浮遊粒子状物質に関する最新の研究を全世界から集めて詳細に検討・評価した結果、「直径二・五マイクロメートル以下の微小な粒子『PM二・五』の特性と、そのほかの粗粒子の特性には大きな違いがある」と指摘、そのうえで①「PM二・五」と、そのほかの粗粒子は別個の構成部分とみなすべきである。②モニタリングの際は発生、成分、挙動、暴露について別個に検討すべきである。③これら二つは発生源が異なるため、効果的な規制戦略を立案するためには大気中の濃度を分離して測定する必要がある——の三点を勧告、これを受け取った環境保護庁の長官スタッフ機関である空気質計画基準局は勧告に同意する旨を文書にし、これを長官に提出した。

一九九八年(平成十年)

6・3　青森県立保健大学の嵯峨井勝教授を中心とする国立環境研究所研究グループのマウスを使った特別研究の結果が、東京都内で開いた同研究所公開シンポジウムで発表される。一九九三年、嵯峨井グループはまずアルブミンというアレルギー原因物質を、三週間に一回の割合でマウスに投与し、投与を始めてから十五週間後に、今度は交通量の多い幹線道路沿いに匹敵するディーゼル微粒子を含む空気を三十四週間にわたり吸わせた。その結果、ディーゼル微粒子を吸わせ、アルブミンを投与したマウスは気道の炎症を起こし、アルブミンだけを投与したマウスに比べて、免疫細胞が一四パーセントも増加していた。この免疫細胞は好酸球といい、気管支ぜん息の指標となる。次にディーゼル微粒子の濃度を空気一立方メートル当たり一ミリグラムに増やすと、好酸球は二・三倍に増加した。しかしディーゼル微粒子を吸わせただけのマウスは好酸球の数値にあまり変化はなかった。以上のことから、研究グループは結論として、①ディーゼル微粒子とアレルギー原因物質が一緒に吸い込まれるために、ぜん息が起きやすくなること、②その症状はディーゼル微粒子の濃度に比例すること――の二点を挙げた。

7・30 第一次提訴から数えて二十年、患者数七二六人という大規模な裁判になった「西淀川公害訴訟」の控訴審は和解を求める動きが出て、大阪高裁で原告の公害病認定患者らと国、阪神高速道路公団との間で和解が成立する。この和解では最大の争点だった自動車排出ガスと健康被害の因果関係については触れないまま、国と公団が車線の削減などの対策の実施を約束し、患者側も第二―四次訴訟の一審判決で認められていた損害賠償金約六六〇〇万円の請求権を放棄した。

8・5 「川崎公害訴訟」の第二―四次訴訟一審について、横浜地裁川崎支部が判決を言い渡す。判決は自動車排出ガスに含まれる二酸化窒素、浮遊粒子状物質と原告の呼吸器疾患の発症・症状の悪化との因果関係を認め、原告四八人に総額一億四九〇〇万円を支払うよう国と公団に命じた。しかし差し止め請求についは「道路端から五〇メートルの沿道以外の原告らについては、汚染物質の排出による被害は受忍限度内であり、五〇メートルの沿道に住む原告についても公共性を犠牲にしてまでも排出を差し止める緊急性が認められない」と述べて請求を棄却する。

8月 東京都の石原慎太郎知事が「ディーゼル車NO作戦」着手を発表、十月から公開討論会を開催するなどして肺がんやぜん息などの呼吸器障害を引き起こすディーゼル微粒子対策について都民の声を聞く。

12・14 中央環境審議会（会長・近藤次郎元日本学術会議議長）が窒素酸化物、浮遊粒子状物質の削減計画を「今後の自動車排出ガス低減対策のあり方について」に取りまとめ、環境庁に答申する。短期と長期の二段階規制でディーゼル車の排出する窒素酸化物と浮遊粒子状物質の排出基準を強化しようというもの。具体的な内容はディーゼル車の窒素酸化物と浮遊粒子状物質の排出基準を二〇〇二年から二〇〇四年にかけて現行より二五〜三五パーセント低減する短期目標と、二〇〇七年ごろにはさらにその半分に引き下げ、強化する長期目標からなる。短期目標の浮遊粒子状物質に関する規制内容をさらに細かく見ると、二〇〇二年までに小型ディーゼル乗用車は現行の基準より三五パーセント引き下げて一キロ走行当たりの浮遊粒子状物質の排出量を〇・〇五二グラム、中型ディーゼル乗用車は同三〇パーセント削減して〇・〇五六グラム。ディーゼルトラック、バスの軽量車は同三五パーセント減の〇・〇五二パーセント、中量車は二〇〇三年までに同三三パーセント減らし〇・〇六グラム、重量車は二〇〇三～二〇〇四年までに一キロワット時の仕事を行なう時の排出量を同二八パーセント減の〇・一八グラムとした。この規制では不完全燃焼によって生じる炭化水素と一酸化炭素は一律に七〇パーセント削減する。長期目標は短期目標の二分の一削減を目途に技術開発を進め、二〇〇七年にはこれをクリアする。各車種ごとの具体的な目標値と達成時期は二〇〇二年度末を目途に決める。

一九九九年（平成十一年）

2月　「尼崎公害訴訟」一審のうち被告企業の関係は企業九社が解決金約二四億円を原告側に支払って和解が成立する。このあと、自動車排出ガス公害をめぐる国と公団の責任に焦点を絞った訴訟が続けられる。

8・27　東京都は一九九九年八月二十七日、「ディーゼル微粒子は呼吸器などに悪影響を与えるのに、ディーゼル車は自動車からの窒素酸化物量の七割、浮遊粒子状物質のほとんどすべてを排出している」と問題点を指摘、そのうえでディーゼル車は現状では、東京での利用には適さないとして、微粒子対策に着手する考えを発表、その具体策として五項目の提案と九項目のアクションを都民、事業者などに呼びかけた。

9・20 東京都はディーゼル車削減対策について都民の意見を聞き、都民参加の議論にするため都庁内都民ホールで公開討論会「ディーゼル車をどうする！」を開催する。公開討論会には都民のほか、業界団体、学識経験者七人が参加、賛否両論の立場から意見を戦わせた。また都のホームページ中にコーナーを設け、インターネット討論会「ディーゼル、ＹＥＳｏｒＮＯ」を開始する。インターネット討論会は自治体のインターネットとしては初めての試み。都は二つの討論会で出された意見などを参考にして、二〇〇一年度に予定している「東京都公害防止条例」を改正する考えを表明した。

9・22 環境庁は二〇〇七年を目途に実施する予定だったディーゼル車の排出ガス規制を、前倒しする方針を決めるとともに、これまで窒素酸化物に偏重していた車の汚染物質排出削減対策を、ディーゼル微粒子の排出防止に転換することを決めた。同庁の調べによると、国内の自動車総台数の二割のディーゼル車が、浮遊粒子状物質総排出量のほぼ一〇〇パーセント、窒素酸化物総排出量の七五パーセントを占め、大気汚染による呼吸器疾患の大きな原因になっている。

10月 東京都は「東京都公害防止条例」改正案に次の五つの自動車対策を盛り込む

方針を明らかにした。①都独自の低公害車指定制度を導入、国が検討中の基準よりも厳しい基準を設定して、優遇税制（地方税）やグリーン購入などの施策に活用する。この優遇税制の対象からディーゼル車を外し、ディーゼル車を使用した都への納品などはできなくする。②販売事業者に「低公害車の販売実績書」、大口の自動車使用・保持者に「低公害車使用計画書と実績報告書」の提出を義務づけ、低公害車への転換を促進する。③低公害車への転換を促進し、自動車からの窒素酸化物、浮遊粒子状物質の排出削減を指導する。④アイドリング・ストップを義務づけ、長時間アイドリングの常習者へ勧告措置をとる。⑤ディーゼル車の一部地域での使用禁止など自動車の使用を制限する。

▽東京都が①軽油の価格が七七円、ガソリンの価格が九四円で、軽油の方が一七円も安いこと、②ガソリンの税金は五三円八〇銭で、軽油の方が二一円七〇銭も安いこと——を問題にし、環境庁と自治省に対し、軽油の価格をガソリンより安くしている優遇税制を早く是正すること、および軽油引取税をガソリンにかかる揮発油税と同じ「蔵出し課税」として、軽油にかかる脱税の防止と軽油課税の実質的な強化を実現すること——の二点を要望する。またディーゼル車単体規制の前倒し実施と、新たな規制方法の検討、「自動車窒素酸化物排出総量削減法」などの関係法制

の抜本的な規制強化、低公害車を大量に普及させる方策の実施――などを求める要望書を運輸、環境、通産などの関係省庁に提出した。

11月　環境庁の広瀬省・大気保全局長が東京都庁に石原慎太郎知事を訪ね、微粒子対策について話し合う。席上、広瀬局長は「補正予算でディーゼル微粒子除去の研究費を確保した。東京都と協力してディーゼル微粒子汚染防止対策を推進したい」とし、石原知事は「研究の成果を早く出して欲しい」と要望する。

二〇〇〇年（平成十二年）

1・31　兵庫県尼崎市に住むぜん息などの公害病認定患者と遺族四八三人が「自動車排出ガスと工場排煙の複合汚染により健康被害を受けた」として、阪神工業地帯の関西電力など企業九社および道路を設置・管理する国と阪神高速道路公団を相手に起こした「尼崎大気汚染公害訴訟」の判決で、神戸地裁は一定濃度レベルを超える浮遊粒子状物質の排出差し止めと九一億五八〇〇万円（原告一人当たり、一五〇〇万～三〇〇〇万の損害賠償を国と公団に命じる。大気汚染公害の訴訟で一定限度以上の浮遊粒子状物質の排出差し止めを命じる判決は初めて。一九九九年二月、被告企業九社が解決金二四億円を原告側に支払って和解が成立。この後、自動車排出ガス公害をめぐる国と公団の責任に焦点を絞って訴訟が続けられていた。

2・4 石原慎太郎東京都知事が「東京都は都民の健康を守る努力をしてこなかったという不作為の責任がある。都自らの責任を認めた上で、国の責任を請うべきだ」と自動車排出ガス公害に対する行政の責任を認める。

2・18 石原慎太郎東京都知事が都内を走るすべてのディーゼル車にディーゼル微粒子除去装置の装着を義務付ける方針を記者会見で明らかにする。

2・21 東京都は都心部の大気汚染状況を改善するため都心に乗り入れる自動車に料金を課す「ロードプライシング」制度を二〇〇三年度から実施する方針を表明する。

2・22 清水嘉与子環境庁長官が日本自動車工業会の久米会長と石油連盟の岡部会長の両トップを呼び、軽油中の硫黄分の早期低減や国が実施する規制の前倒しなどへの協力を要請する。

3・16 自動車工業会と石油連盟は今後、両者が抱える共通の課題であるディーゼル車の排出ガス低減問題の解決のため、軽油中の硫黄分削減に関する共同研究などを積極的に実施していくことなどを発表する。

3・30 東京都環境審議会は「東京都公害防止条例」の改正のあり方に関する答申をまとめ、都に答申した。答申はディーゼル微粒子除去装置の装着について、次のような対策を求めている。①知事が認める排出ガス低減装置を装着していないディーゼル車の運行を禁止する。また知事が定める浮遊粒子状物質の排出基準を満たすディーゼル車は規制対象から除外する。②ディーゼル車を使用する都民、事業者、物流施設管理者から排出ガス低減装置の装着状況などの報告を求める。この対策には試作段階の二〇〇〇年二月現在、二〇〇〜三〇〇万円するといわれる除去装置の価格が、実施までに普及可能なレベルまで下がるか、除去装置を装着しているかどうかをどう見分けるか、都外から都内へ流入する車への装着をどう徹底、取り締まるか、など難しい問題があった。

3月

特定地域の環境基準達成率は三〜四割台、浮遊粒子状物質の環境基準達成率は一から五割と低いレベルに留まり、この法律の「基本方針」として掲げた「環境基準を二〇〇〇年度までにおおむね達成する」という目標の達成は到底できないことがはっきりする。環境庁の「自動車窒素酸化物総量削減方策検討会」がまとめた報告書は「これまでの対策だけでは環境基準の達成は困難」と述べ、目標が達成できなかった理由として、主に①東京、大阪などの自動車保有台数が約二割増えたうえに、トラックなどがガソリン車からディーゼル車に変わり、しかも大型化が進んだこと、②特定地域内の自動車走行量が約一割増加し、削減効果が減殺されたこと、③約三〇万台と見込んでいた電気自動車、ハイブリッド車などの低公害車の普及が一万台程度に留まったこと——を挙げる。

4・27 自民党の「自動車排出ガスプロジェクトチーム会議」(座長・亀井善之議員)が、国が実施すべき当面の課題を整理し、次の①二〇〇七年度を目途に実施する予定だったディーゼル車排出ガス規制のうちの新長期規制の実施を、二年程度前倒しして二〇〇五年度とし、それに必要な自動車および燃料の技術開発、低硫黄軽油を供給できるよう所要の措置を取る。②ディーゼル自動車に起因する窒素酸化物排出量の低減対策を強化して、新たに浮遊粒子状物質排出対策を実施するため、現行の「自動車窒素酸化物排出削減法」を見直し、二〇〇一年の通常国会に改正案を提出する——などの施策の実施を求める中間報告を取りまとめる。環境庁はこの自民党の方針をもとに七月中旬、ディーゼル微粒子排出規制の大幅な強化策を盛り込んだ「自動車窒素酸化物削減法」の改正案を、二〇〇一年の通常国会に提出する方針を決めた。この「窒素酸化物削減法」は、窒素酸化物を多く排出するディーゼルの小型トラックはガソリン車に、大型トラックは最新型トラックに転換させることを主眼としている。

6・5 通産省が軽油中の硫黄分を低減するために新たな設備投資を行なった石油精製会社を支援する方針を決めた。政府は当初二〇〇七年度に実施する予定だったディーゼル車排出ガス規制を、二〇〇五年実施に前倒ししたが、実現には硫黄分の低減が前提となる。国内で使われる軽油は硫黄分の高い中東産で、濃度を下げないと、除去装置が十分に機能しないという判断にもとづく。

7・28 環境庁、運輸省、通産省で構成される「ディーゼル車対策技術評価検討会」(座長・斎藤孟・早稲田大学名誉教授)は「ディーゼル微粒子除去装置をすべてのディーゼル車に装着できる状況にない」とする中間報告をまとめる。これを受けて中央環境審議会の大気・交通公害合同部会が「今後の自動車排出ガス総合対策中間報告」でも、微粒子除去装置をすべての車に装着する計画については同様の判断を示した。

7月 環境庁がそれまで窒素酸化物中心だった大気汚染防止行政を、浮遊粒子状物質と窒素酸化物の二物質重視に転換、自民党の方針をもとにディーゼル微粒子排出規制策の大幅な強化策を盛り込んだ「自動車窒素酸化物総量削減法」の改正案を二〇〇一年の通常国会に提出する方針を決める。改正案は①新たな規制対象物質として発がん性など健康影響が指摘されている浮遊粒子状物質を加え、現行の窒素酸化物だけの規制から浮遊粒子状物質と窒素酸化物の二物質の規制に変える、②事実上クリアできないガソリン車並みの厳しい規制の適用を現行の車両重量二・五トン以下の中型ディーゼルトラックから三・五トン以下の中型ディーゼルトラックに拡大、これにより新たな販売を実質的に禁止する。既に使われている車は猶予期間終了後、走れなくする、

8月

③車を三〇台以上持つ事業者に走行量の削減や排出ガスの少ない車への転換を求めることによって、窒素酸化物と浮遊粒子状物質を削減する計画を国と自治体に提出することを義務づける、④対象となる「特定地域」を現行の東京都、神奈川県、埼玉県、千葉県、大阪府、兵庫県の六府県に、群馬県、栃木県、愛知県、京都府の四府県を加えて一〇都府県に拡大する、⑤二〇一〇年の環境基準達成を目標とし、二〇〇二年の施行を目指す。施行の五年後に削減対策の効果を点検し、必要な見直しを行なう――という内容。

運輸省は装着が可能で、しかも粒子状物質の低減効果が高い車種に対しては早急に対応できるよう補助制度を新設することを決め、トラックやバスを保有する運送業者が、ディーゼル微粒子除去装置を取り付ける際は、自治体負担分と合わせて半額を補助する予算として、二〇〇一年度政府予算の概算要求に二億五〇〇〇万円を盛り込む。対象となるバスは約九万台、トラックは約一七万台。

▽運輸、通産、環境の三省庁が、二〇〇一年度税制改正について、①ディーゼル微粒子と窒素酸化物の排出抑制、②地球温暖化の原因物質、二酸化炭素の排出防止に役立つ燃費の向上――の二点を柱とする「自動車関係税制のグリーン化」を要望した。運輸省は、自動車税については低公害車の購入時や、古いディーゼル車を廃車して最新の排

出ガス規制適合車に買い替える際、三年間に二〇パーセント軽減することなどを要望し、環境庁と通産省に働きかけた。

9・25 環境庁長官の諮問に基づき、技術的側面から「今後の自動車排出ガス低減対策のあり方」を審議していた中央環境審議会大気部会が第四次報告を同長官に提出する。第四次報告は「ディーゼル自動車とディーゼル特殊自動車の排出ガス低減対策を推進する必要がある」とし、ディーゼル新長期目標の達成時期は一九九九年十一月に策定された二〇〇七年を二年前倒しして、二〇〇五年までとする、②浮遊粒子状物質は新短期目標の二分の一程度よりもっと低い目標値にすることを検討する必要がある、③当面、軽油中の硫黄分低減の目標値を現行の五〇〇ｐｐｍから、その一〇分の一の五〇ｐｐｍとし、二〇〇四年末までに達成を図ることが適当である、④ディーゼル特殊車に対する規制適用時期は一年前倒しして二〇〇三年からとし、黒煙については許容限度設定目標値を新設、その数値を四〇パーセントとする―という内容。

10・3 東京都は中央環境審議会の大気・交通公害合同部会が七月に取りまとめた「ディーゼル車対策技術評価検討会中間報告」を批判する意見書を同部会に提出する。意見書は中間報告がすべてのディーゼル車に微粒子除去装置の装着を義務づける東京都の施策について「適当ではない」と指摘したことを「容認しがたい」と批判、小型貨物車の猶予期間を八年前後とするよう提言したことについては「猶予期間が長すぎる」と装着の義務化へ国が積極姿勢で取り組むよう求めた。

11・21 東京都が低硫黄を燃料とする都バスの運行を始める。自治体の運行するバスで低硫黄を燃料とするものは全国で初めて。

11・24 東京都が「ディーゼル車NO作戦」の一環として、大型ディーゼル車が首都高速道路を走行する場合、これに課税する東京都独自の新税（地方税）を二〇〇一年四月から導入する方針を明らかにする。東京都の税制調査会が提出した答申を受けて決めたもので、首都高速道路に入った大型ディーゼル車に対し、一回について二〇〇～六〇〇円を課税することを検討する案を考えている。

11・27 名古屋地裁で審理していた「名古屋南部公害訴訟」第一次提訴分の判決で、北沢章功（あきのり）裁判長が患者と死亡者合わせて九六人について、工場排煙と気管支ぜん息発病との因果関係を、また国道23号沿道二〇メートル以内に居住する三人については自動車排出ガス中の浮遊粒子状物質と気管支ぜん息発病との因果関係をそれぞれ認める。そのうえで北沢裁判長は企業一〇社に対し連帯して計約二億八九六二万円、国に対して計約一八〇〇万円の損害賠償の支払いを命じ、さらに「提訴の一九八九年からこれまでの十年余、国は少なくとも本原告との関係では被害発生をを防止すべき格別の対策を取ってきておらず、対策の前提となる汚染物質濃度の測定などの調査予定すらない」と厳しく指摘し、患者一人について環境基準の約一・五倍に当たる一日平均値で一立方メートル当たり〇・一五九ミリグラム（千葉大学医学部調査の対象地域の濃度）を超える濃度の浮遊粒子状物質排出差し止めを命じた。環境基準の約一・五倍の浮遊粒子状物質の排出差し止めを求める判決は同年一月の「尼崎公害訴訟」の判決に続き、二度目。

11・30 東京都は現行の国の排出ガス規制基準を満たさない車には原則として段階的なディーゼル微粒子除去装置の取り付けか、買い替えを求める方針を堅持し、改定東京都公害防止条例にこれを盛り込むとともに、除去装置を車に装着するバス、トラック業者などに対し、奨励策として二〇〇一年度から補助金を出す方針を決める。

12・8 兵庫県尼崎市の公害病認定患者と遺族が国と阪神高速道路公団に損害賠償と一定濃度を超える大気汚染物質の排出差し止めを求めた「尼崎公害訴訟」の控訴審は、大阪高裁で患者側と国・公団側の間に和解が成立する。和解条項には大型車の通行制限を始め多くの具体的な汚染対策が盛り込まれた。

12・11 「名古屋南部公害訴訟」の第一次分で、原告側は判決を不服として名古屋高裁に控訴する。これを受け、被告企業一〇社も控訴した。原告側は控訴審で審理を進めるいっぽう、第二次、第三次分を含めて企業、国との和解交渉を推進する意向。

12・16 ディーゼル車の排出ガス規制を盛り込んだ東京都の「都民の健康と安全を確保する環境に関する条例」(通称・環境確保条例。「東京都公害防止条例」を改称)が都議会本会議で全会一致で可決され、成立する。施行は二〇〇一年四月。条例に盛り込まれたディーゼル車規制の主な内容は①都の基準を超えて粒子状物質を排出するディーゼルトラック、バスなどは、他県から流入する車も含めて走行を禁止する。走行規制は二〇〇三年十月から、②新車登録後七年間は規制の適用を猶予するが、それを過ぎると、基準を満たさない車は買い替えるか、ディーゼル微粒子除去装置(DPF)を装着しなければならない。違反者には五〇万円以下の罰金などの措置を取る――など。

12・19 中央環境審議会大気・交通公害合同部会が「自動車窒素酸化物総量削減法」の改正について最終報告をまとめ、川口順子環境庁長官に答申する。答申ではディーゼル乗用車が同法の規制対象に加えられた。これにより窒素酸化物規制値を満たさないディーゼル乗用車は車検を通らなくなり、改正総量削減法の対象地域では事実上、新たに所有できなくなる。ちなみに現在、市販されているディーゼル乗用車で、この規制値を満たしている車はない。

12月　環境庁が先に決めていた窒素酸化物の規制値「走行一キロ当たり〇・〇八グラム」について、欧州連合（ＥＵ）から「厳し過ぎる」という申入書が送られてきたため、同庁は中央環境審議会の答申とは別にガソリン乗用車の旧基準である同〇・二五グラムに緩めて「自動車窒素酸化物総量削減法」の改正案を作成する方針を固めたが、日本自動車工業会は当初案どおりの規制値を要望した。

あとがき

本書を執筆した動機は主に二つ。一つはディーゼル微粒子公害が肺がんやぜん息、花粉症を引き起こす危険な物質であることが究明され、実に多くの人々の呼吸器に障害を与えているのに、この問題の経過やディーゼル微粒子の呼吸器への影響などについて分かりやすく、しかもポイントを突いて書かれた本がないことである。

花粉症の患者を例に取ると、全国的には地域人口の約一割だが、東京都では患者数が五人に一人の割合だという。東京都の人口は約一二〇〇万人だから、患者数は二四〇万人に上ることになる。ほかの大都市も人口の一割よりも多いと思われるので、全国の花粉症患者は千数百万人にのぼるだろう。筆者も一九七〇年代の末ごろ、花粉症、ついでアレルギー性鼻炎にかかり、既に二十年以上も花粉の季節だけでなく、年中鼻水、目のかゆみ、くしゃみなどのつらい症状に悩まされ続けている。このままでは微粒子を排出するディーゼル車がさらに増え、ディーゼル微粒子による呼吸器疾患の患者は増えるいっぽう。花粉症のほかにぜん息に悩まされている人も膨大な数である。このような疾患に苦しんでいる人びとに、ディーゼル微粒子と花粉症やアレルギー性鼻炎などとの関係について広くお知らせしなければならないと思った。

もう一つは日本の大気汚染防止行政が窒素酸化物対策を重視して、窒素酸化物よりはるかに危険なディーゼル微粒子の汚染防止対策になかなか本腰を入れて取り組もうとしなかったことである。筆者は一九九三年に『ドキュメント日本の公害』第九巻・交通公害を書き、その中でディーゼル車の排出する微粒子公害の実態と、これまでの微粒子汚染問題の経過などを明らかにし、窒素酸化物対策に偏重した環境庁の大気汚染防止行政の是正を促した。またディーゼル車の燃料である軽油の価格がガソリンより安く設定され、これがディーゼル車の増加を招いたことも指摘し、このような「公害車の誘導策」をやめるよう要望したのだが、環境庁は動かなかった。

あれから八年という長い歳月が流れ、ディーゼル車公害対策の著しい遅れと、ディーゼル微粒子によるひどい汚染状況、そして多くの呼吸器疾患の患者が生み出された。放置すればディーゼル車公害はいよいよ深刻化することは間違いないとみられていた。そんな状況の中、「尼崎公害訴訟」と東京都の「ディーゼル車NO作戦」に突き上げられた政府は、ようやくディーゼル微粒子公害対策に本腰を入れて取り組み始めたのである。

そこで、大気汚染防止行政がこれまでディーゼル微粒子公害対策にどんな取り組みをしてきたかなどについて、検証してみたいと考えたのである。

ダイオキシン汚染問題では、厚生省が十二年間も有効な発生防止対策に着手しなかったために、世界で最もダイオキシン汚染がひどい国になったが、ディーゼル微粒子公害でも行政が積極的に取り組まなかったために汚染が激化した。汚染のひどい実態は大気汚染公害訴訟と、訴訟を提起した多くの公害病患者が示している。行政の対応のまずさや失敗の付けは国民の健康被害となって跳ね返る。このような公害を根絶するうえで、この書がいささかでも役立てば幸いである

本書の企画・出版に際し、緑風出版の高須次郎氏にまたも非常なお世話になった。心からお礼を申し上げる。

二〇〇一年一月十日

著　者

【著者紹介】
川名 英之（かわな ひでゆき）

江戸川大学社会学部環境情報学科などで非常勤講師、環境ジャーナリスト、「ダイオキシン・環境ホルモン対策国民会議」の常任幹事。

1935年、千葉県市原市生まれ。東京外国語大学ドイツ語学科卒。ウィーン大学へ文部省交換留学（西洋史）。1960年から毎日新聞社記者。社会部記者として環境庁を担当、編集委員に。約20年間、環境問題を取材。この間、立教大学法学部非常勤講師も務める。1990年、退職。1984年から日本の公害・環境問題の歴史を通史として記述する『ドキュメント 日本の公害』（緑風出版）全13巻の取材・執筆に独力で12年間（記者時代6年と退職後6年）取り組み、1996年に完結した。このほかに『ドキュメント クロム公害事件』（1983年、緑風出版）、『「地球環境」破局』（1986年 、紀伊國屋書店）、『検証・ダイオキシン汚染』（1998年、緑風出版）『どう創る循環型社会――ドイツの経験に学ぶ』（1999年、同）、『こうして……森と緑は守られた!!――自然保護と環境の国ドイツ』（三修社）、『資料「環境問題」I 地球環境編』（2000年、日本専門図書出版）など。

ディーゼル車公害《しゃこうがい》　定価2000円+税

2001年2月5日初版第1刷発行

著　者　川名英之
発行者　高須次郎
発行所　株式会社 緑風出版
〒113-0033 東京都文京区本郷2-17-5ツイン壱岐坂102
☎03-3812-9420　FAX 03-3812-7262　振替00100-9-30776
E-mail：info@ryokufu.com
http://www.ryokufu.com/
装　幀　堀内朝彦
組　版　M企画
印　刷　長野印刷商工/巣鴨美術印刷
製　本　トキワ製本所
用　紙　山市紙商事　E2000

Hideyuki KAWANA© Printed in Japan　ISBN4-8461-0021-9　C0036

◎緑風出版の本

▨全国どの書店でもご購入いただけます。
▨店頭にない場合は、なるべく最寄りの書店を通じてご注文下さい。
▨表示価格には消費税が転嫁されます。

世界は脱クルマ社会へ

宮嶋信夫編著

四六判上製
二二八頁
2000円

ディーゼル車などクルマの排ガス汚染による肺ガンの急増、地球温暖化問題など、クルマ社会を放置しておくことはできない。欧米各国はすでに公共交通の復活など脱クルマ社会へと向かっている。本書はその現状と展望を考える。

ドキュメント日本の公害 第九巻
交通公害

川名英之著

四六判上製
五五三頁
(グラビア7頁)
4800円

水俣病の発生から今日まで現代日本の公害史をドキュメントにした初めての通史！ 本書は、自動車特にディーゼル車の急増によるNOx濃度の悪化など自動車公害と新幹線公害を分析する。

（シリーズ全一二巻）

クルマが鉄道を滅ぼした
ビッグスリーの犯罪

ブラッドフォード・C・スネル著／戸田清・他訳

四六判上製
二六八頁
3400円

公共交通がほぼ消滅した米国のクルマ社会はどのように形成されたのか？ ビッグスリーが、競合する鉄道・市街電車・バスを自動車とトラックへ強引に置き換え、利益追及のためにいかに社会を破壊してしまうのかを描く。

米国自動車工場の変貌
「ストレスによる管理」と労働者

マイク・パーカー／ジェイン・スローター編著／戸塚秀夫監訳

四六判上製
四二七頁
3800円

米国自動車産業の巻き返しがはじまった。その背景には、「ストレスによる管理」といわれる日本型生産管理の導入による厳しい労務管理の展開がある。本書は、米国労働者の日本型生産管理との闘いを実証的に分析した書。